健康養兔子

全新修訂版

朱哲助◎著

PATA◎繪

晨星出版

Contents

Chapter 1　挑選適合自己的兔兔

Chapter 2　兔子的生理構造

Chapter 3　兔子的健康檢查與生理

推薦序

　　在2015年美國德州的ExoticsCon特寵醫學研討會上，我與朱哲助醫師有了一面之緣。當時，願意自費參加這類國際研討會的台灣獸醫師寥寥無幾，因此華人面孔在會場中格外引人注目。上前攀談後，才發現這位身材健碩的醫師，竟是台灣特寵醫療界赫赫有名的朱哲助醫師。

　　回台後，我們因緣際會下交流漸增，我深刻感受到朱醫師對醫療的熱忱與認真，且他總是毫不吝嗇地分享所學。在醫療技術上，他更與國際間眾多先進保持密切交流，不斷精進。

　　二十年前，養兔子的觀念還停留在「吃紅蘿蔔、不能喝水」的錯誤認知。如今，網路資訊發達，大家漸漸了解兔子應以牧草為主食。然而，許多似是而非的觀念仍充斥在網路討論中。我相信，朱醫師的這本《健康養兔子——全新修訂版》，必能為大家提供最正確、最實用的飼養知識，幫助兔子們擁有健康快樂的生活。

亞馬森特寵專科醫院院長　劉尹晶

推薦序

認識朱醫師多年，在我心中他一直是特寵醫療界可敬的前輩，創立侏儸紀野生動物專科醫院、籌辦台灣野生動物與特殊寵物研討會，與資深前輩們一同成立台灣特殊寵物暨野生動物醫學會，甚至還在2018～2020年榮獲美國AEMV特殊哺乳動物醫學會遴選主席一職，朱醫師的種種經歷與成就體現出他對特殊寵物醫療的無比熱忱。

《健康養兔子》一書出版多年，也經歷過多次的再刷與再版，內容豐富多元，提供初學者與飼主關於兔子醫療所必須的基本知識，是一本實用且易懂的工具書。如今這本好書的全新修訂版，更是跟上時代與醫學進展的腳步，內容精彩可期，相信一定會對廣大的讀者們提供更多醫療知識，幫助更多兔兔健康樂活。

六福村野生動物園 動物管理部經理

從完成第一版《健康養兔子》到現在也經過了12年了，在過去的這段時間裡，養兔的族群、兔兔的寵物地位、兔相關商品的發展、養兔的知識、兔醫療的水平以及兔友善動物醫院的數量，都有著大幅度的增加與提升。

一開始寫這本書的發想與目的，主要是為了增加飼主對自己寵物兔的了解，進而讓兔兔更健康的發展與成長。這麼多年過去了，得到了很多的讀者回饋，有來自養兔飼主的、也有來自生物科普老師、獸醫系學生，甚至也有來自臨床獸醫師的閱讀回饋，這些讀者多半提到這本書除了給予他們兔醫療知識外，也把這本書當作養兔的居家醫療工具書以及從事兔醫療的入門閱讀資料，聽到這些回饋，讓我無比欣慰與感動，這也給了我更多的責任與動力來增修此書的內容，讓這本書更能夠與時俱進，繼續為讀者提供更符合時代的醫療知識。

　　《健康養兔子——全新修訂版》這本書的完成，是過去多年病例治療經驗與醫學知識的更新所累積而成，除了要感謝世界各國頂尖獸醫師的不懈努力與發表，也要感謝侏儸紀野生動物專科醫院團隊的用心與付出，有了你們的付出才能讓我在從事醫療的創新與突破時沒有後顧之憂，也要感謝吳叡璇醫療執行長在影像學以及醫療技術上的支援，還有陳佑維醫師在本書的老年復健醫療與中醫學部分的撰寫，以及王知桓醫師在病歷資料與照片的收集，另外要特別感謝資深兔友陳P大力協助。

　　最重要的也要感謝我的太太Hsuan的校稿與幕後工作，讓本書能夠以新面貌呈現更好的內容給眾多讀者。要感謝的人實在太多，最後要再次感謝所有我醫療過的兔兔與本書引用的病患以及信任我的兔爸兔媽，謝謝你們讓我對醫療有持續的動力，也期許兔兔有更好更健康的未來。

　　　　　　　　　　　　　侏儸紀野生動物專科醫院院長　

1

挑選適合自己的兔兔

如何挑選適合自己的兔子

　　許多人要養寵物都會直覺的想找幼年的個體來飼養，主要是認為幼年動物的行為訓練較容易，而且養大了之後也會與飼主比較親近。雖然說這樣的想法大部分是對的，但是不一定每個人都有飼養幼年寵物的能力，也不一定每個寵物長大後的個性都會是飼主所想要的，所以如果想要飼養寵物，不要有先入為主的想法，可以嘗試各種寵物認養的管道，找尋適合的兔子。

　　選擇寵物的年紀上也不一定要找年幼的個體，有些沒有飼養經驗的飼主反而應該去認養較好照顧的成年個體，而且成年的動物個性已經養成，可以選擇適合自己的個性以及居家環境的個體來飼養，例如自己所居住的環境是公寓，那就不要去認養一隻本來都住在獨棟房子自由跑動的兔子，因為他會養成大量活動的習慣，縮小了活動範圍可能會引發行為上的問題；又譬如一個很忙的上班族，就不要去購買一隻剛滿月的小兔子，因為這個時候的幼兔需要很多時間觀察與照顧，可能會因為照顧上的疏於觀察而造成嚴重的後果，諸如此類的案例都告訴我們，寵物必須選擇「適合自己的個體」來飼養，因人而異沒有絕對性，也就是要挑選「投緣」的寵物。

◆ 健康的兔子

挑選健康的兔子

　　如果決定飼養一隻成年兔子來當寵物，最重要的是去詳細了解他的過去背景以及醫療病史，例如是否有慢性疾病、或是曾經遭到不當對待還是飲食習慣不正確等等，這些都是飼養上很重要的資訊。如果行有餘力又想要為小動物盡一份心力的話，做好心理上的準備，認養有疾病或稍年長的兔子好好照顧，可以從中學習到照顧的技巧與知識，當然彼此之間的情感會更深刻，更能夠了解飼養寵物的辛酸與欣慰。

　　如果仔細評估之後認為自己適合飼養幼年的兔子，當然最重要的就是挑選健康的個體，可以透過到動物收容單位（如台灣浪兔協會或台灣愛兔協會等機構）或是向一般飼主認養，如為購買（較不建議）則需挑選優良商家。

　　如果能夠把握住基本原則，就可以找到一隻相對健康的兔子，對於初學飼養的飼主比較不會造成太大的負擔，畢竟，兔子是一種很脆弱的動物，就算健康的幼兔也可能有5～10%的機率會因為各種原因而死亡。

　　剛購買或認養的兔子也可能會有一些潛在的疾病，所以帶回家之後必須先與家中的其他寵物隔離，觀察是否有異狀，同時安

◆ 佛萊明幼兔

排專科獸醫院的健康檢查，將可能的疾病診斷出來並且治療。

挑選幼兔所要注意的事項

最好找已經斷奶的幼兔：至少挑選滿4週大的個體，體重滿200g的更佳，因為太小的個體可能還沒斷奶，餵食代奶以及食物調教會有一些難度，不適合初學飼養的主人。

活動力是否良好：在群養的兔子之中要挑選會走會跳會奔跑的個體，千萬不要去找一隻特別乖的，因為這階段的幼兔只有生病時才會安靜乖巧。

是否有主動進食的表現：最好可以挑一隻在你觀看的時候就一直在進食的小兔子，這可以確保他是有食慾而且比較沒有嚴重疾病。

皮膚、毛髮、眼睛、鼻腔、胯下等部位沒有沾黏分泌物或是軟便：因為分泌物代表的可能是感染，胯下沾有軟便有可能是下痢（拉肚子）。

背上還有大腿摸起來要有肌肉：過瘦的營養不良個體可能是疾病所造成，飼養與照顧上比較有難度，初學飼養的飼主盡量不要嘗試。

做簡單檢察：檢查四肢、耳朵、眼睛等部位是否對稱，是否有殘缺，或是肢體無力、肢體歪斜變形、或是開張肢的表現。這些問題都會影響兔子以後的發展以及飼主的照顧。

◆ 要記得在帶兔子回家時先做健康檢查

健康兔的挑選重點

檢查欄	觀察部位＆健康兔的狀況
	眼睛 眼神明亮無眼屎
	鼻子 乾淨沒有分泌物（如鼻涕）
	嘴巴 門牙整齊
	顏面 臉左右對稱
	耳朵 沒有脫毛跟皮屑、不會一直甩頭
	皮毛 光亮柔順，無脫毛
	前肢 沒外張、手臂內側毛無糾結、指甲完整，沒有過長
	後肢 強壯有力，對稱、沒外張、無跛行
	尾巴 乾淨且沒有沾到異物（糞便、尿液、血…）
	外陰部與肛門 乾淨且沒有沾到異物（糞便、尿液、血…）
	精神 活動力強，願意親近人、願意探索環境
	食慾 會吃草及吃飼料（草尤其重要）
	體形 背上不會摸到明顯的脊椎骨
	體重 不是整窩兔子中最瘦小的那隻

侏羅紀野生動物專科醫院

兔 寶 姓 名		飼 主 姓 名	
兔 寶 年 齡		兔 寶 性 別	
就 診 日 期		結紮／未結紮	

檢 查 部 位	結果	醫囑說明
眼　　　　睛		
耳　　　　朵		
鼻　　　　腔		
門　　　　齒		
口 腔 ／ 臼 齒		
頭 頸 觸 診		
前　　　　肢		
後　　　　肢		
掌　　　　底		
腹 部 觸 診		
體 表 觸 診		
毛 髮 檢 查		
外 生 殖 器		
肛　　　　門		
其　　　　他		

檢 查 項 目	結果	醫囑說明
糞 便 檢 查		
尿 液 檢 查		
聽 診		
血 液 學 檢 查		
生 化 學 檢 查		
影 像 學 檢 查		
其 他		
總 結		

※. 以上檢查報告僅供參考

2

兔子的生理構造

◆ 外觀特徵	◆ 胸腔臟器
◆ 骨骼與肌肉	◆ 胃的特徵
◆ 牙齒	◆ 消化道的特徵

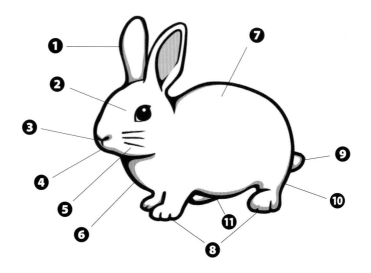

1 耳朵 （外耳殼）	兔子最大的特徵就是又長又大的耳朵，這個構造可以集中聲音、加強聽力，所以兔子的聽力非常好。耳朵也是調節體溫最重要的部位，所以耳朵上的毛髮會較為稀疏。
2 眼睛	兔子的視野廣、視角大，所以幾乎整個環境都在他們的視線範圍內，而且黑暗中也看得見。不過因為對焦能力差，所以視覺無法精確對準於目標上，也不會以正臉面對目標。
3 鼻子	兔子是完全的鼻孔呼吸動物，在呼吸時會微微的上下抖動，在緊張、害怕時鼻子會動的非常快，這也代表著呼吸急促。對兔子來說嗅覺是非常重要的，可以由氣味來判定物體的遠近。和許多動物一樣，鼻子與眼睛靠著鼻淚管相通，眼淚由鼻淚管回收進入食道。
4 嘴巴	裂開的上唇是兔子的特徵之一，他們的嘴巴很小，無法張開很大角度。舌頭約有17,000個味蕾，能分辨8,000種不同的味道。外觀上會看到露出來的門齒，有時打呵欠可以看到舌頭，但是無法看到臼齒。關於牙齒介紹請翻閱P.26。

5 **鬍鬚**	鬍鬚是觸覺感官的一部分，可以用來感覺周邊的物體，也是測量寬度與高度的主要感官，幫助辨別身體是否能通過洞穴與孔道。一般認為兔子鬍鬚具有感覺平衡的功能，但事實上，平衡是由內耳前庭系統主導。
6 **胸部肉垂**	是性成熟母兔最明顯的特徵，俗稱圍巾。在頸部腹側靠近胸口處，會累積較多的脂肪形成一個肉垂，看起來像是圍了圍巾，這個部位的毛髮非常濃密而且容易拔下來，母兔懷孕末期，會拔此部位的毛髮來築巢。結紮後會萎縮變小。
7 **毛髮**	兔子身上的毛髮因品種的不同，會有不同的長度與觸感。約3～4月齡的幼兔會開始將身上柔細的幼毛換成較粗硬的成毛。在季節分明的國家（如歐洲），兔子會在春天（冬毛換夏毛）與秋天（夏毛換冬毛）換毛；台灣因為季節不分明，而且氣候變化大，所以每當氣溫遽變時，兔子就有可能會嚴重的換毛，飼主必須勤於梳理，以預防食入毛髮。
8 **四肢**	兔子的前腳為了要挖洞，演化發展得短而健壯。為了躲避天敵，後腿具有爆發力與彈跳力。兔子的腳掌沒有像狗貓一般的肉墊，而是在腳掌底下覆蓋了一層厚厚的毛保護著腳掌。前腳有五根指頭與指甲，後腳則是四根。
9 **尾巴**	兔子的尾巴是條狀的，雖然很短，但是並非一般印象中的圓形。兔子會透過尾巴表達情緒，但是因為太短而呈現圓球狀，所以很少被發現尾巴的肢體語言。
10 **腺體**	在兔子的下顎與生殖器兩旁邊都有腺體，肛門內也有線體，這些腺體會產生特殊物質，主要是費洛蒙，可以標示地盤與傳達訊息給同類，生殖器與肛門旁有一對臭腺，會分泌褐色的油脂狀腺體分泌物，發情時主人可能會聞到咖啡味或是洋蔥臭味。關於生殖器介紹請翻閱P.113。
11 **乳頭**	公母都一樣，通常有4對（8個），但也可能會有5對或不成對的乳頭。

骨骼與肌肉

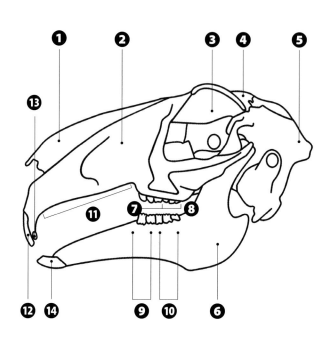

頭蓋骨的名稱

01	鼻骨
02	上顎骨
03	眼窩
04	前頭骨
05	後頭骨
06	下顎骨
07	上顎前臼齒
08	上顎後臼齒
09	下顎前臼齒
10	下顎後臼齒
11	齒隙
12	上顎門齒
13	上顎小門齒（釘齒）
14	下顎門齒

兔子的頭骨

　　兔子的肌肉非常強韌發達，肌肉的重量超過體重50%，相較之下，兔子骨骼異常的輕，密度非常低，強韌度嚴重不足，總重約只有體重的8%。因此，兔子從高處落下時非常容易造成骨骼傷害，常常會導致腿骨骨折。而兔子容易緊張，如果抓抱受到驚嚇，後腳就會奮力踢與掙扎，此時必須小心保護後腿與脊椎，並且趕緊蹲下（減少高度差）放置地面，因為兔子後腳肌肉的力量比骨骼承受度強，很容易在掙扎時使脊椎脫臼骨折，所以當兔子掙扎時要非常注意，因為脊椎一旦受傷有可能會癱瘓。

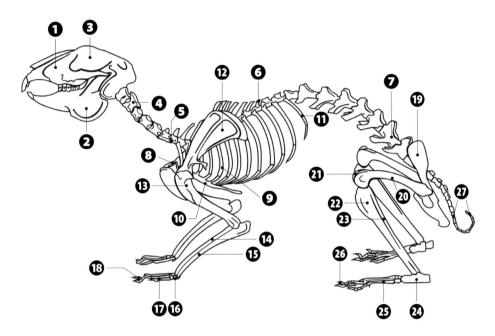

兔子的全身骨骼

1 上顎骨	2 下顎骨	3 頭蓋骨	4 第二頸椎
5 第七頸椎	6 第十胸椎	7 第六腰椎	8 鎖骨
9 第五肋骨	10 胸骨	11 第十三肋骨	12 肩胛骨
13 肱骨	14 橈骨	15 尺骨	16 腕骨
17 掌骨	18 指骨	19 腸骨	20 大腿骨
21 膝蓋骨	22 脛骨	23 腓骨	24 跟骨
25 跖骨	26 腳指骨	27 尾椎	

牙齒

封閉性牙根

不會持續生長的牙

開放性牙根

會持續生長的牙齒

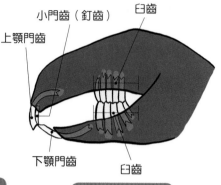

小門齒（釘齒）　　臼齒

上顎門齒

下顎門齒　　　　臼齒

正常牙齒的咬合

　　兔子原始的牙齒顏色是象牙白，主要成分為象牙質，會因為各種不同的食物染色及不斷生長而呈現不同的顏色，大多是呈現黃色。

　　成兔有28顆牙齒，因為屬於開放性牙根，所以每顆牙齒終其一生都會不斷的生長。總共有2顆上門齒、2顆上小門齒（釘齒）、2顆下門齒、上顎前臼齒6顆、上顎後臼齒6顆、下顎前臼齒4顆以及下顎後臼齒6顆。

　　門齒是用來切割以及咬斷堅硬食物，平均每年可長10cm～13cm；上排釘齒的功用是要預防下門齒在咬合時刺傷上門齒的牙齦；臼齒是用來咀嚼磨碎食物，咀嚼時下顎會平均的左右移動，因此能使臼齒兩邊對稱的磨損。

　　兔子一出生就有牙齒，稱為乳齒，共16顆。乳齒在3～5週齡時會脫落，同時恆齒與上下顎後臼齒也會完全長出，一般情況下，脫落的乳齒會被兔子吞下。

寵物兔的健康專欄

兔子齒式 $\dfrac{2033}{1023}$

　　這是動物醫學上專門用來表示牙齒的齒式，上排的數字是表示單邊的上顎牙齒，下排的數字是表示單邊的下顎牙齒，數字從左至右的順序為門齒、犬齒、前臼齒、後臼齒的數目。

胸腔臟器

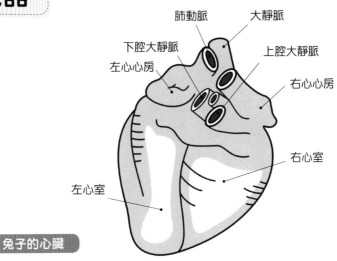

肺動脈　大靜脈

下腔大靜脈　　　上腔大靜脈

左心心房　　　右心心房

右心室

左心室

兔子的心臟

　　兔子的胸腔體積非常的狹小，所以肺活量小，在抓抱與醫療時，若是太緊張、保定的方式不正確壓迫胸腔、時間過久，都很容易使兔子呼吸困難引起休克。另外他們的心臟也非常的小，只占了體重的0.3%，心臟輸出量以及強度都不及其他寵物，供給心肌的血管也較不發達，所以兔子也容易因為過度的刺激與過量的運動量，造成心臟麻痺、心衰竭。

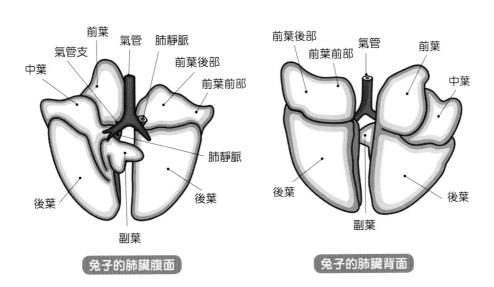

前葉　氣管　肺靜脈

氣管支　　　　　前葉後部

中葉　　　　　前葉前部

肺靜脈

後葉　　　　後葉

副葉

兔子的肺臟腹面

前葉後部　　氣管　前葉

前葉前部　　　　中葉

後葉　　　　後葉

副葉

兔子的肺臟背面

　　兔子只有一個胃，屬於腺體胃。胃的入口「賁門」（靠近食道）與胃的出口「幽門」（靠近十二指腸）發育的相當完整，但也因為賁門環型肌肉發達，狹窄且沒彈性，所以兔子無法將食物經食道逆向排出，無法嘔吐。

　　幽門口也因為環型肌肉發達而狹窄，所以當胃中有較大團塊（如毛團、異物等）或氣體時，或是肝臟疾病導致肝腫大，使胃擴大壓迫幽門，造成食團無法正常往小腸移動，就會引起腸胃道蠕動遲緩或阻塞。

　　兔子的胃酸pH值在1～2之間，病原性微生物進到胃中會被殺滅。但是未離乳幼兔的胃酸pH值只有5～6.5，病原性微生物很容易入侵腸胃道造成感染，引起嚴重的腸炎與腸毒血症。

消化道的特徵

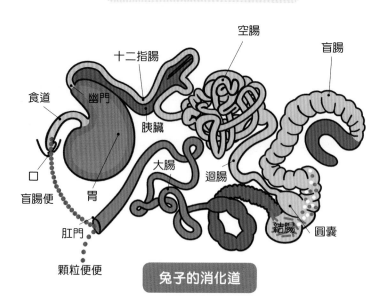

兔子的消化道

消化順序

1. 門齒切斷食物，臼齒咀嚼磨碎。

2. 食物到達胃之後會分泌消化液（兔胃液pH值約為1～2），食物軟化，初步分解。

3. 食團通過狹窄的胃幽門與十二指腸，接著往空腸、迴腸移動，纖維質以外的養份（醣類、蛋白質、脂肪等）會在這裡被吸收。

4. 食團通過迴腸往大腸（結腸、直腸）移動進入盲腸與結腸。盲腸蠕動將食團推往結腸，結腸的入口會分類纖維粗細，收縮將粗纖維質（含木質素）推往結腸，細纖維推往盲腸。不可消化的粗纖維進入結腸後經過直腸排泄出來，就是我們所看到的圓形顆粒便。

5. 被分類出來的食團、小分子與水分經由腸道逆蠕動運動送進盲腸進行發酵。

6. 盲腸內有許多輔助消化的細菌，會分泌可分解纖維質（植物的細胞壁）的酵素，同時合成蛋白質、維生素Ｂ群、Ｂ12與維生素Ｋ。兔子消化道不同於其他肉食或雜食動物，如果使用了不當的口服抗生素，盲腸內菌叢會受到嚴重的破壞，使益菌減少、病原菌（產氣菌）增加，所以口服抗生素要非常的注意。

7. 營養豐富的盲腸便會在進食後約3～8小時通過結腸與直腸，由肛門口排出，此時大腸不會進行消化吸收，所以盲腸便以原型排出，再經口攝取。

8. 如果晚上給食，盲腸便在清晨時排出，兔子會直接用嘴對著肛門直接將盲腸便吃進口中。重新進入消化道的盲腸便，經由胃腸道再一次的消化吸收。食糞行為在兔子是最重要的消化步驟。

兔子是完全草食動物，因為需要分解植物纖維，所以消化道非常的發達，大容量的胃、體積巨大的盲腸，這兩者佔據了腹腔大部分的空間，中型兔的盲腸全長更可到40公分。而消化道約占體重的10～20%，腸道約為身體長度的10倍長，全長約8公尺。

纖維質與盲腸便

　　兔子是後腸發酵動物，藉由盲腸內的細菌來分解植物性纖維，但是攝取的植物纖維中只有大約18%是可以消化的，不可消化的纖維質主要是用來刺激腸胃道蠕動，如果腸胃道蠕動不良，盲腸就會異常發酵產生毒素。

盲腸便

　　兔子出生約3週齡開始就會產生盲腸便，在這之前，幼年兔的盲腸內正常菌叢還未建立完成，但也因為幼年兔胃的酸性較低，對細菌較沒有殺傷力，所以在攝取媽媽的盲腸便的同時，盲腸便中的共生菌叢可以通過胃而進入盲腸，因此才有了正常的盲腸共生菌叢。盲腸便的質地像柔軟潮濕的黏土一般，長度約2～3公分，每次產生的量不一定，整體是由許多一樣大小的小顆粒黏在一起而組成，外觀如葡萄狀而且相當濕黏，因而又有「葡萄便」的別稱，有時周圍會有墨綠色或咖啡色少量黏液附著。盲腸便非常營養，含有豐富的氨基酸、揮發性脂肪酸、維生素B群與維生素K、以及許多腸內共生益菌，是兔兔重要的的養分來源，他們一天的糞便之中光盲腸便就佔了30～80%之多，但因為健康的兔兔會把頭埋在屁股，直接由肛門攝取盲腸便，所以正常情況下我們不常看到盲腸便。

◆ 顆粒便

◆ 盲腸便

顆粒便與盲腸便的營養成份比較

	蛋白質	纖維質
顆粒便	9～15%	20～30%
盲腸便	26～29%	14～18%

3

兔子的
健康檢查與生理

基本生理學檢查

為什麼兔子需要健康檢查？

　　定期的健康檢查對於兔子來說是非常重要的。可以幫助主人了解自己的兔子身體健康狀況，也能讓飼主適時的檢討飼養照顧是否有瑕疵，幫助預防疾病的發生，當然透過詳細的檢查，找出可能潛在的疾病並且加以治療，能使疾病在早期受到控制且快速治癒。

檢查週期？

　　一般來說，年齡小於6個月的幼兔建議飼主在家中每週記錄體重，監控發育狀況，並且每一到兩個月帶至獸醫院健檢，檢查幼兔常見疾病，例如球蟲症或皮膚病等疾病，早期發現、早期治療。因為幼兔非常脆弱，一旦生病就可能會快速惡化甚至死亡，而且獸醫師也能定期檢視幼兔是否有營養不良或是照顧不當等問題。

　　6個月大到4歲之間的成兔建議每年至少做3次基本健康檢查，也要配合每年一次的血液檢查與影像學檢

◆ 在醫師的安撫下放鬆的兔寶

查，用來當做兔子自己的參考數值與對照影像，做好預防醫學。

　　4歲齡以上成兔建議每年除了基本健康檢查外最好能再有1～2次的深入檢查，幫助診斷潛在的疾病，落實預防重於治療方式的觀念，並且可以早期發現疾病，提高治癒率。

寵物兔的健康專欄

抱兔子最安全的保定法

正確的保定是很重要的，除了可以避免兔子受傷，還可以減少掙扎與緊迫，當然也能夠保護飼主與醫療人員，方便醫生仔細檢查兔子狀況。

什麼是保定？

保定的意思是指「保護與固定」，可以分成「物理性保定」與「化學性保定」。

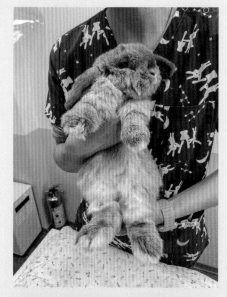

● **物理性保定法**：就是單純用抓抱的方式控制兔子的關節與身體部位，讓他們在不緊張與不疼痛的情況下減少掙扎，並且達到安定的作用，這是最常使用的方式，一般用於比較不緊張、容易服從的兔兔。

● **化學性保定法**：是指利用藥物例如鎮靜劑或是麻醉劑來達到讓兔子放鬆的目的，以利醫師檢查的方法。常用的藥物多半是注射式或是吸入式，這個方法兔子較不常使

◆ 正確的保定抱法

用，但是如果在檢查過程真的很緊張而且有拼命掙扎的情形的話，最好還是利用化學保定法，以免兔子受傷或是緊迫休克。

檢查項目

問診

　　健康檢查首先最重要的是詳細的問診，由飼主描述病史以及生病時的症狀，提供詳細且完整的病史可以幫助醫師獲得重要的資訊，而症狀的描述，例如：發生了多久、症狀發生頻率、異常表現、哪裡不舒服等，都可以確實幫助疾病診斷。

視診

　　視診是指全身外觀及行為肢體動作的觀察、動作是否協調、眼神表現如何、呼吸速度、呼吸深度、毛色光澤等等。

　　詳細的視診包括：頭部、顏面、眼、耳、鼻、口腔、軀幹、四肢、皮膚、腹部、外生殖器、腳掌、肛門周圍等等。

◆ 顏面視診

◆ 檢查門牙

◆ 內視鏡檢查臼齒

◆ 內視鏡檢查耳朵

◆ 檢查腹側

◆ 檢查四肢

🐰 觸診

觸診著重部位原則上同視診，主要分頭部、胸腹部、皮膚、脊椎以及四肢等等。

🐰 聽診

利用聽診器聽取胸腹部的聲音，包括肺臟、心臟、腸胃等等，用以診斷疾病。

🐰 基礎生理檢查

基礎生理值除了可藉由聽診計算心搏次數（每分鐘約130～330次）觀察呼吸次數（冷靜情況下每分鐘約為30～60次），以及量測兔子的肛溫（正常值38.5～40℃）但由於兔兔容易受到驚嚇而緊張，所以在量測肛溫時要注意當下精神狀態，若是過於緊張，還是建議不要進行肛溫量測，因為兔兔容易因緊張而引起體溫上升至異常值而誤判。另外耳溫槍量測可以減少緊張的情形，但是準確度稍低。

🐰 糞檢

兔子的健康檢查項目中，糞便檢查是非常重要的，糞便檢查可觀察到纖維攝取量是否足夠、是否有攝取過多的毛髮或是下痢以及寄生蟲感染等等。

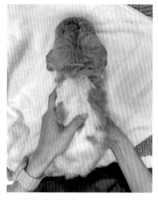
◆ 腸胃道觸診

◆ 聽診

◆ 量體重

◆ 量體溫

🐰 血液學檢查（包括血液抹片）

　　血液學檢查是經靜脈或動脈抽取血液，利用全血球檢查的儀器（CBC）檢驗計算紅血球、白血球、淋巴球、血小板、血紅素等等數值，而抹片可以看出白血球發炎感染程度以及紅血球狀況，可幫助診斷出許多疾病，像是貧血、細菌感染、病毒感染、腫瘤、凝血功能障礙等等

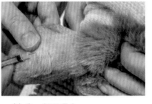

◆ 抽血（耳朵）

◆ 抽血（前肢）

🐰 血清生化學檢查

　　血清生化學檢查是血液經由離心後所產生的上清液（稱之血清），利用儀器分析之中所含有的各種酵素及化學物質而得到的數據，可以幫助了解體內臟器功能是否正常。另外，血清中的離子鈉、鉀、氯也是重要的評估依據，當數值異常時須照不同狀況給予不同點滴輸液。而血液氣體分析可以有效的判斷血中的酸鹼值進行矯正，是急診時必備的檢查。

◆ 抽血（前肢）

◆ 抽血（後肢）

🐰 超音波檢查

　　超音波檢查可分成一般超音波以及心臟超音波，一般超音波可以用於身體軟組織的輔助診斷，心臟超音波可以用於心臟疾病的診斷。若兔子表現放鬆可直接檢查，但一般還是建議在鎮靜下做檢查較適當。

◆ 超音波檢查

放射線學檢查

X光攝影是最常使用的放射線學檢查，可用來診斷骨科相關疾病，如四肢骨折、脫臼、脊椎損傷、髖關節問題等等，用X光檢查頭骨還可看到牙

◆ X光腹部仰躺正照擺位

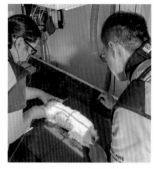
◆ X光腹部側躺正照擺位

根狀況，幫助診斷齒科疾病，胸腔與腹腔檢查也常用於心臟、肺臟疾病、腸胃道疾病的診斷。

X光檢查會因為檢查部位不同，而需要不同的拍攝角度，所以保定的技巧很重要。國外的專業醫院都是由AHT（獸醫助理）來保定，這樣可以快速、有效率、安全的拍攝。拍攝時不建議讓飼主保定。以免意外發生。如果兔子掙扎動作過大或過度緊迫及呼吸窘迫不穩定，鎮靜病兔會有助檢查完成。

深入檢查

電腦斷層掃描（CT）

電腦斷層掃描是新一代寵物醫療的影像診斷工具，提供X光所做不到的無死角立體影像，也呈現超音波無法準確顯示的解剖相對位置。

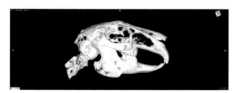
◆ CT下的兔子3D頭骨

◆ 下巴破洞的兔子頭部電腦斷層

電腦斷層在兔科醫療中最常被應用在腫瘤摘除、頭骨與齒科疾病、脊椎與骨科修復、軟組織病灶等等的手術前檢查，可以讓外科醫生在下刀前就能知道肌肉、骨骼、血管的相對位置，也可以增加手術的成功率並避免可能的風險；除此之外，電腦斷層也很常被運用在評估動物疾病的預後發展，例如腫瘤的轉移與擴散程度、病灶的範圍等等。雖然有這麼多的優勢，但電腦斷層目前在獸醫診所並不普及，原因是儀器設備價格高昂且維護不易、檢查過程通常要全程鎮靜麻醉或配合血管造影，這些過程都存在一定的風險，所以更須由專業人員操作與判讀。

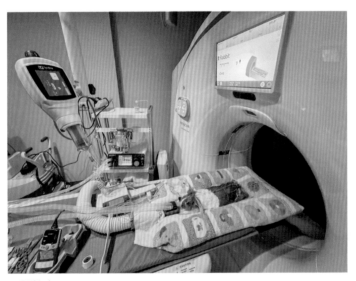

◆ CT檢查

基本生理數值

兔子生理學

出生時體重	30-80g	消化排空時間	4-5小時
呼 吸 次 數	30-60次/分鐘	性成熟（公）	3-7個月
心　　　跳	130-330下/分鐘	性成熟（母）	5-10個月
體　　　溫	38.5～40.0℃	懷 孕 週 期	29-33天
壽　　　命	8-12年（～18年）	產 子 數	4-12隻
進 食 量	3-5g（乾重）／體重100g／每天	離 乳 時 間	4-6週
喝 水 量	100ml～150ml／每公斤體重／每天		

血清生化

GLU血糖（mg/dL）	75-150
GOT（AST）天門冬酸轉氨酶（U/L）	4-133
GPT（ALT）丙胺酸轉氨酶（U/L）	14-80
ALKP鹼磷酶（μmol/L）	4-70
BUN血中尿素氮（mg/dL）	15-30
CREA肌酸酐（mg/dL）	0.5-2.6
T-Pro總蛋白（mg/dL）	5.4-7.5
CA鈣（mg/dL）	8-14.8
PHOS磷（mg/dL）	2.3-6.9

全血球計數

RBC紅血球總數（10^6/μl）	4-8
MCV平均血球細胞大小（f）	64.6-76.2
HCT血球容積比（%）	31.3-43.3
PLT血小板總數（10^3/μl）	134-567
WBC白血球總數（10^3/μl）	5-12
HGB血紅（g/dl）	8-17.5
MCH平均血球血紅（pg）	17.5-23.5
MCHC平均血球血紅素濃度（g/dl）	29-37
LYM淋巴球總數（%）	25-60

4

齒科疾病

齒科疾病的徵兆

兔子的齒科疾病不容易被察覺，所以往往都在很嚴重時才就醫。齒科疾病之所以在兔子常見，大多是因為飼主給予不當的飲食，以及疏忽而導致疾病惡化，兔子如果出現以下的症狀，就很可能是罹患齒科疾病：

- 食慾不佳、食慾漸減、甚至嚴重到完全拒食。
- 不願意吃較粗及較硬的食物，例如：牧草、菜梗、草磚等等。
- 體重減輕，日漸虛弱。
- 大量流口水，頸部、下顎以及前腳內側毛髮被唾液沾濕。
- 口中食物突然掉落，表現過度咀嚼或怪異表情。
- 眼睛有大量分泌物，瞇瞇眼、眼球凸出。
- 臉部腫脹、不對稱或臉部變形；觸摸到下顎腫脹、變形。
- 一直舔毛，毛髮不整齊且潮濕雜亂無光澤。
- 大量軟便累積於肛門周圍。

如果兔子出現以上症狀就必須就醫，請獸醫師做全口腔檢查、牙齒檢查、頭部放射線學照影（X光）、電腦斷層，來跟其他疾病做區別診斷（以上症狀也可能是其他疾病的徵兆）。

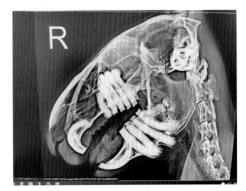

◆ 齒科疾病的頭骨X光

咬合不正

　　造成咬合不正的原因有很多種，多半是由於牙齒的磨損不平均而造成過度生長，使牙齒超過正常的長度破壞原有咬合軌道。除了飲食不當外，也有部分是因為先天牙齒畸形造成，後天的外在傷害也可能會引起咬合不正，像是因為啃咬硬物（如：鐵籠）、外傷、顎骨斷裂、顳顎關節脫臼、牙齒斷裂等所造成的後天性咬合不正疾病。

　　門齒的不正咬合不一定只與門齒有關，臼齒也會有相當程度的影響。

◆ 牙齒咬合不正

◆ 拔除的門牙

依咬合不正的程度及原因可將其歸類為幾大類：

1. **先天性咬合不正**：這是
   在小頭骨品種最常見
   的，例如：荷蘭侏儒兔
   以及荷蘭垂耳兔，最常
   見於下顎骨前突出。

2. **牙齒斷裂與外傷**：門齒
   的斷裂常發生於高處摔
   下或是啃咬籠子，造成
   門牙斷裂後不生長或是
   生長歪斜，外傷也可能
   造成顳顎關節脫臼。

◆ 咬籠子的行為易造成兔子齒科問題

3. **人為造成牙齒的斷裂**：許多兔子咬合不正發生時，若經由正確的
   醫療性磨牙是可能會回復的，但若是用「剪牙」（骨科剪、斜口
   鉗或寵物用指甲剪）反而會造成齒根的嚴重受損，而導致門齒永
   久性向外突出生長，或是引起下顎齒根感染。

4. **頭骨傷害**：外傷所造成的顎骨變形，或是斜頸症以及神經方面疾
   病所造成的肌肉不對稱使用，也會引起咬合不正而導致單側性牙
   齒過度生長。

5. **原發性臼齒的咬合不正**：口腔屬於連動機構，若是臼齒咬合左右
   不對稱造成的單側性磨損，也可能會引起門牙的歪斜而造成全口
   腔咬合的問題。

臨床症狀

體重減輕、吞嚥困難、外觀可見門牙過長（大多為下顎門牙往前突出生長）、流口水、牙齦紅腫、毛髮髒亂、肛門周圍沾滿軟便等等。

治療方式

以往處理門牙過長的方式大多為「剪牙」，但是已經證實會對兔子的牙齒造成永久性傷害。

剪牙的缺點如下：

- 增加不舒適感及疼痛。
- 剪牙時造成的震動會引起牙齒崩裂，甚至牙根斷裂（牙齒的材質比較像是陶瓷或玉，若用「剪」的會造成碎裂）。
- 剪牙會造成牙齒出現不規則的尖銳切面，割傷牙齦或舌頭，甚至引起舌頭斷裂。
- 剪牙造成的崩裂若經由牙齒垂直傷害牙根或下顎骨時，會導致下顎骨感染，甚至嚴重膿瘍。

正確的處理方式是使用牙科器械，如高速或低速鑽頭以及齒科圓鋸，經由「磨」或「鋸」的方式將過長的牙齒切割至適當長度。由於兔子容易緊迫，所以如果遇到較緊張的個體時可選擇輕度的氣體鎮靜以預防休克發生。兔子的牙齒成長快速，所以每三至五週就必須修整。如果確定門牙的咬合不正是永久性的，可以選擇將門牙完全拔除，提供較好的生活品質。

牙周病

　　牙周病常發現於兔子的口腔，特別在臼齒。兔子的牙周韌帶結構不同於其他的小型肉食或雜食動物（如：狗、貓），因為兔子的牙齒會一直生長，所以牙周韌帶與牙齒間較不緊密，造成牙周韌帶很容易受傷，而食物殘渣也容易阻塞在牙周組織間造成發炎。

　　若懷疑兔子有臼齒方面的疾病，最好能夠鎮靜做全口腔檢查，這樣也可以檢查出臼齒的牙周組織是否有任何的異常現象，因為牙周的感染可能會擴散到牙根，甚至進入牙髓腔，造成顎骨的膿瘍。

治療方式

　　最好是能夠將嚴重感染的牙齒拔除，但是要拔除臼齒必須經過仔細評估，如果隨意將臼齒拔除可能會引發更嚴重的後果。

臼齒過長

　　兔子常見的齒科疾病大多發生在臼齒，主要是因為臼齒生長速度大過磨耗速度而造成的。這種疾病的主因是飲食所提供的磨損力過低（牧草不足），導致臼齒的過度生長。另外先天骨質與牙齒的齒槽骨不良、年老骨質退化等問題，都可能會使臼齒齒槽骨不穩定而引發疾病。

　　臼齒的過度生長有一部分也是因為門齒過度生長而造成。門齒與臼齒兩者是息息相關的，如果門齒過長會使口腔上下顎的距離拉長，提供臼齒更大的空間生長，並且影響上下顎咬合的能力。

　　若是飲食中高磨損力的粗纖維（牧草）不足，臼齒的成長速度就會大於磨損速度，這樣的變化在疾病早期是不容易檢查出來的，尤其是一般的口腔檢查只能夠粗略的評估臼齒狀況，除非臼齒過長的程度已經引起歪斜或造成牙刺，不然也只能從病史以及飲食習慣來推測是否病變。

　　正常下顎及上顎的相對移動會有比較多的左右橫移，這是因為食物纖維較粗所誘發的正常咀嚼運動。但是有許多家兔都以人工飼料來做為主食，造成臼齒發展出「碾碎」的動作，使上下顎的垂直運動多過於左右橫移運動因為人工合成飼料粗纖維不足且結構較堅硬易碎，所以減低了臼齒的磨耗。

　　一旦顎骨的左右相對位移不足時，臼齒就會過度生長，顎骨的左右位移會漸漸受到過長的臼齒限制軌道，最後導致無法磨損堅韌的粗纖維，然後臼齒的問題就隨時間惡化，長出歪斜的牙刺，割傷舌頭或口腔組織，甚至使牙根刺穿顎骨造成顎骨變形，感染引發上下顎的膿瘍、顎骨骨髓炎。有些病兔因此無法進食，長期飢餓造成營養不良與肝病，也有可能會因為嚴重急性感染引發敗血症。

◆ 臼齒過長

◆ 上臼齒牙刺

◆ 下臼齒牙刺

◆ 牙刺割破舌頭

臨床症狀

通常發生在不以牧草當主食的兔子。漸進性的食慾減退、拒食、流口水、下巴毛髮濕黏、拒絕喝水、食物挑軟的吃、磨牙症狀等等。

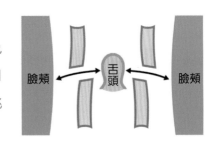

治療方式

許多獸醫師還是習慣在未麻醉狀態下用骨科剪或長齒鉗來修剪臼齒的長度，可以非常有效率的縮短處理時間，但很容易引起掙扎受傷、顳顎關節受損，也可能會傷及舌頭或牙齦組織，甚至造成臼齒的斷裂引起嚴重的牙根感染。有些病例在這樣的操作後引發了顎骨膿瘍，所以國外的兔子牙科教科書以及獸醫學期刊都建議不要用「剪」的方式來處理牙齒。

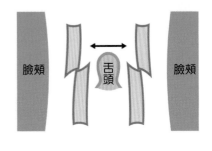

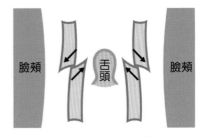

牙刺產生的過程

最常見的方法就是利用牙科工具修整牙冠，縮短臼齒長度及塑形，將已經病變的臼齒修整到接近正常兔子的臼齒型態。動物修整臼齒都必須全身鎮靜，因為他們不可能乖乖的張開嘴巴。鎮靜後要使用專用的開口器打開嘴巴，用牙科專用鑽頭將臼齒磨損塑形，這樣可以有效的控制臼齒長度，更可以將臼齒塑型至接近正常的型態。在熟練的技術下，不但不會對牙周韌帶造成傷害，也可以有效的縮短處理時間。

有些病例的臼齒生長方向嚴重歪斜變形，需要平均每4〜8週進行一次醫療性磨牙，控制臼齒長度。但也有些不嚴重的病例，可以經由改善飲食來控制牙齒的磨損而痊癒。

齒根膿瘍（齒槽骨、顎骨感染）

　　齒根膿瘍是指牙根嚴重感染化膿。細菌感染造成組織傷害，細菌的增殖、白血球聚集再加上壞死組織的碎屑會形成「膿」，隨著病情發展而累積形成膿包。大部分動物的膿都是液態的，那是因為身體裡的酵素會將組織碎片、白血球、細菌菌塊等物質分解成液體，稱之為液化，但是兔子缺乏這樣的液化機制，所以他們的膿多為半固體狀，看起來像是乳酪或牙膏，也因為兔子的膿較為黏稠，無法輕易的引流乾淨或由小傷口「擠出」，所以一但產生了膿瘍，就很難輕易根治。

◆ 上顎齒槽骨膿瘍

◆ 下顎齒槽骨膿瘍

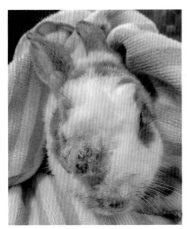

◆ 上顎齒槽骨膿瘍

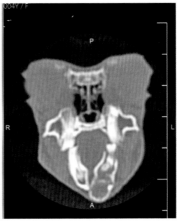

◆ 下顎齒槽骨膿瘍的CT

臼齒或門齒生長過長，口腔內空間無法負荷，造成牙根「反向生長」，破壞了上顎或下顎的齒槽骨，口腔內的細菌循著牙根進入被破壞的組織當中，造成牙根、齒槽骨、顎骨感染而化膿。

　　會造成這種感染的細菌除了最常見的巴士德桿菌、綠膿桿菌、金黃葡萄球菌之外，大多都是兔子的腸內菌。因為兔子有食糞行為，所以口腔常常充滿著下消化道裡的細菌，一但口腔裡的牙根、牙齦有任何的傷口，就會非常容易造成感染。這種感染很難用藥物治療，因為如果這種抗生素可以殺死感染口腔的腸道內菌，那同樣也可能會破壞兔子消化道裡正常的腸內菌叢，造成腸道問題。

　　齒根膿瘍最常發生在下顎，如果在上顎通常比較嚴重，因為可能會侵犯眼球後與鼻腔。牙根的反向生長是因為牙齒的磨損不足所造成，像是臼齒以及門牙的過度生長，但這可以經由飲食改善或是人工修整來控制長度，是一個可以預防的疾病。

　　基本口腔檢查或鎮靜深入口腔檢查可以看出牙齒是否過長。頭頸部觸診可以觸摸出是否有腫脹或不對稱的部位，眼眶以及眼球的觸診也可以看出是否有眼球突出的問題。一但懷疑有齒根膿瘍那就必須要藉由放射線（X光、CT）檢查來確定感染的位置。

◆ 齒槽膿瘍手術後每天沖洗傷口

◆ 齒槽膿瘍手術植入抗生素豆

臨床症狀

　　上顎或下顎突出腫脹、嚴重流淚、顏面不對稱、口腔惡臭、食慾下降、體重減輕、流口水、拒食，甚至眼球凸出或呼吸困難等。

治療方式

　　齒根膿瘍被發現時多半很嚴重，所以單純用藥物治療是不太可能控制病情的。利用外科手術清理傷口，並且找到受感染的牙根，把牙齒拔除是比較完整的做法，必要時在術後開放傷口每日沖洗（約4～8週），或植入長效抗生素豆。當然採樣做細菌培養以及抗生素敏感試驗是有必要的，因為隨便給藥可能會造成嚴重抗藥性的問題。但大部分的感染病例並不侷限於某個區域，常常擴散到鄰近組織，甚至整個顎骨都被細菌破壞殆盡。有些嚴重感染的病例最後還是可能因為細菌造成的全身性感染而引起敗血症死亡。

鼻淚管阻塞與感染

　　鼻淚管的主要功能是回收眼淚，如果鼻淚管阻塞，眼淚無法回收，就會因為眼淚溢出而使眼睛周圍潮濕，造成皮膚不適，嚴重時還會造成感染。

　　兔子的鼻淚管開口在前側眼角內側，翻開下眼瞼就可以在前眼角看到開口，這個開口通往鼻淚管與淚囊，鼻

◆ 牙齒過長造成鼻淚管阻塞引起淚眼

淚管的管腔在上顎鼻梁骨的骨縫隙中，用手可以摸到一條像是溝渠的凹槽，而終點位於鼻腔內鼻孔兩側。兔子的鼻淚管會通過靠近上門齒牙根

的位置，這與其他動物不同，所以兔子很容易因為門齒疾病而引發鼻淚管問題。鼻淚管堵塞除了會造成眼淚回流外，還可能因為眼淚蓄積在管腔中引發細菌孳生，造成鼻淚管感染，甚至侵犯到淚囊，嚴重會引起膿瘍。

臨床症狀

流淚不止、眼角毛髮濕黏、白色黏稠眼淚蓄積眼角、眼結膜紅腫等。必須要和眼睛的疾病做區別，角膜潰瘍、結膜炎等也都會引起類似症狀。

治療方式

由於鼻淚管管腔很細，一旦堵塞就可能造成管腔的沾黏，進一步造成永久性的阻塞，所以治療時要先確定是什麼原因所引起的鼻淚管阻塞，如果懷疑是門齒所造成的問題，必須先做X光檢查，確定門齒牙根位置，並且評估門齒處理的必要性；如果是原發性的管腔狹窄造成的阻塞，獸醫師可以試著鎮靜灌洗鼻淚管，這需要特殊操作，而且灌洗鼻淚管可能會造成淚囊破裂而感染，所以操作上要小心。灌洗鼻淚管可能會需要多次處理，經過數週、甚至數個月定期灌洗，但有些完全堵塞的病例可能無法藉此治癒；配合眼藥水每日按摩鼻淚管也可幫助緩解，但是需要時間與耐性，且不一定能治癒

寵物兔的健康專欄

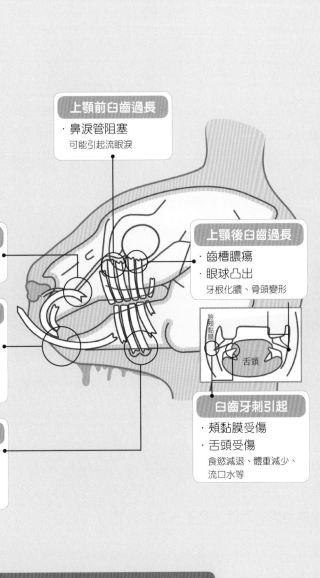

上顎前臼齒過長
· 鼻淚管阻塞
可能引起流眼淚

上顎門齒
· 鼻淚管阻塞
引起流眼淚

上顎後臼齒過長
· 齒槽膿瘍
· 眼球凸出
牙根化膿、骨頭變形

下門齒咬合不正
· 無法進食
· 流口水
無法食入盲腸便、體重
減輕，過多的口水會引
起濕性皮膚炎

臉頰黏膜

舌頭

白齒牙刺引起
· 頰黏膜受傷
· 舌頭受傷
食慾減退、體重減少、
流口水等

下臼齒過長
· 下顎骨變形
· 齒槽膿瘍
引起牙根化膿、骨頭變
形等

牙齒過長可能會發生的問題總整理

5

消化系統疾病

◆ 蠕動不良與相關疾病

◆ 寄生蟲疾病

◆ 細菌性腸炎

蠕動不良與相關疾病

拒食表現

　　拒食對兔子來說是非常嚴重的病兆，可能與疼痛或任何身體的緊迫有關，也可能引發威脅生命的後果，一旦發生拒食，必須盡快就醫，做完整的身體檢查，診斷出確實的原因，才能擬定治療方式。

　　兔子只要不舒服、疼痛、緊迫就可能會拒食，一般常見原因有腸

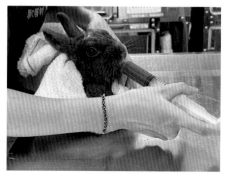

◆ 拒食的兔子可藉由灌食刺激食慾

胃道疾病、肝功能障礙、腎衰竭、環境緊迫、換食適應不良、失溫、中暑等等。

　　兔子拒食時間過長會造成腸道與肝功能受損。而幼兔較容易出現飲食轉換造成的拒食症狀，可能會造成嚴重低血糖，引起軟弱、痙攣、休克，若沒及時治療則可能會死亡。

臨床症狀

　　突然的拒絕進食，或是漸進性的減少每日食物量，直到完全不進食，精神沉鬱、軟弱無力、嗜睡等等。

治療方式

　　治療的重點在於提供足夠的能量與纖維。若是腸道內容物出現乾燥脫水的現象，變成無法流動的食團，那就必須要給予積極的輸液治療。治

療時要保持環境溫度的穩定，室溫約25～28℃，不可過冷或過熱，腹部可加溫，給予保溫電毯或是遠紅外線加溫，溫度不可超過41℃。使用靜脈輸液的治療方式最佳，也可進行皮下點滴，但吸收速度較慢，有時會緩不濟急。

- 配合適量綠色葉菜類的給予，如：空心菜、青江菜、蒲公英、荷蘭芹、萵苣、胡蘿蔔葉等，也可提供鮮割牧草如：狼尾草、尼羅草、盤固草等粗纖維植物促進腸道蠕動。
- 補充維生素C以及維生素B群。
- 腸胃道蠕動促進藥物處方與口服抗厭氧菌抗生素可預防腸道內產氣菌增生。口服乳酸菌等益生菌可預防盲腸菌叢改變。止痛藥物可以減緩疼痛、減少緊迫。

灌食

　　強迫灌食對於拒食的兔兔非常重要，因為灌食正確的內容物可以有效促進恢復腸胃道蠕動。除了完全阻塞或是急性鼓脹不能灌食外，其他腸胃道蠕動問題都可能經由灌食促進恢復，灌食內容以高纖維與高水份含量為主，獸醫處方以及寵物商品化灌食粉劑（例如：

◆ 灌食用大開口針筒

EmerAid艾茉芮草食動物加護期與恢復期草粉）為優先選擇，這類商品除了有豐富粗纖維與細纖維外也有額外添加草食動物必需的營養素，幾乎可以替代兔兔飲食所需的養分，灌食濃度視症狀決定，一般來說大約介於「奶昔」與「米漿」之間的濃稠度為佳，灌食用大開口針筒（如圖）或是一般1 c.c.針筒將頭剪掉都可以拿來做灌食使用。

🐰 腸胃蠕動遲緩

如果胃以及腸道蠕動減緩，內容物（食團）長時間停留在胃裡，水份繼續被腸道吸收，毛髮和食物糾纏在成一團固體團塊，無法往下消化道推送，累積在胃裡，形成胃毛團。

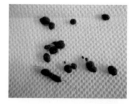

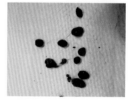

◆ 胃腸道蠕動遲緩排出的不正常糞便

胃遲緩主要都是因為腸道的蠕動遲緩而間接引起。腸道的蠕動遲緩通常是因為粗纖維（不可消化的纖維）攝取量不足，刺激腸道蠕動的物質不足，胃與盲腸的排空速度變慢，兔子排便量漸漸變小、減少，而引起漸進性的拒食。

臨床症狀

食慾不振、漸進性拒食、糞便減少、精神沉鬱、體重減輕、精神不濟等。獸醫師通常可以在胃或盲腸的位置觸診到硬實團塊，病兔也會出現明顯的脫水症狀。放射線檢查可見胃較膨大，胃內容物呈現較高密度，而且與胃壁有一段空隙，表示胃內容物嚴重脫水。

治療方式

給予口服腸道蠕動劑、灌食草粉，配合化毛膏等，一天至少兩次，每次1～3ml。靜脈輸液治療、血中離子與酸鹼值矯正，輸液中可加入維生素B群、保肝劑等輔助治療。投予腸胃道蠕動促進藥物，但如果懷疑是阻塞，不可使用蠕動促進劑。仍有少量食慾者可以餵食葉菜類，特別是有利便輕瀉功能的，例如：蒲公英，也必須配合提供高品質牧草與水份補充。給予止痛劑緩解兔子疼痛症狀，減少緊迫。口服抗厭氧菌抗生素，預防腸道內產氣菌增生。嚴重者須進行侵入積極治療，以外科手術（胃、腸切開）移除堵塞來源。

　　預防上要提供高纖維飲食（大量牧草），並且減少飼料攝取量。飼料選擇含高量粗纖維（18％以上）、低粗蛋白質（16％以下）。飲食中必須包含多種類的綠色葉菜類，盡量減少澱粉、蛋白質和脂肪的攝取（避免餵食過多根莖類、豆類、穀類）。每天適量的運動，減少環境中的緊迫（如吵雜噪音、溫差等）。

毛球症

　　健康兔子的消化道中本來就存在著許多毛團，是理毛時舔食所食入。兔子無法將這些毛團吐出（無法嘔吐），所以必須由下消化道經糞便排出，若是腸胃蠕動異常，就會引發問題。毛球症不再被認為是原發性疾病，通常是繼發於腸胃道蠕動遲緩而造成，以下是容易形成毛團產生與累積的因素：

◆ 從胃取出的毛團

- 飲食的粗纖維含量不足。高纖維飲食可刺激腸胃道蠕動，讓食物快速通過消化道，並且把毛髮排出。
- 運動量不足與肥胖造成腸胃道蠕動減慢。
- 長毛品種（安哥拉兔、費斯垂耳兔、獅子兔等），或是過度的天氣變化引起換毛。通常七個月以下的兔子不容易發生

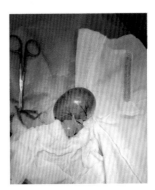

◆ 胃鼓脹手術照

　　毛球症，七個月以上成兔才有完整的換毛週期。
- 同籠飼養的同伴過度換毛，幫同伴理毛而食入過多毛髮。
- 家兔誤食人造纖維與異物，造成類似毛球症的腸胃道阻塞。

治療方式

　　大致上治療方式方向與胃腸蠕動遲緩相同，但若是毛團過大，或是急性症狀者，還是以外科治療方式最佳。

　　預防方法則是提供給兔子高粗纖維飲食（大量牧草），增加每日運動量。多幫長毛兔及嚴重換毛的兔子梳毛，氣

◆ 多梳毛可以預防毛球症

溫上許可的話也可以考慮剃毛。避免讓兔子誤食布料、毛織品、塑膠袋、帆布等物品。給予足夠水分，提供新鮮蔬菜補充，餵食商品化的貓或兔用化毛膏，定期就醫檢查。

🐰 胃急性鼓脹與胃腸道阻塞

　　胃急性鼓脹屬於急性病症，若沒有及時治療，致死率高達70%，原因可能是阻塞也可能是幽門閉鎖。幽門閉鎖原因不明，過食或是蠕動異常也可能引起幽門閉鎖。通常阻塞發生在胃幽門處，或是十二指腸段。阻塞的原

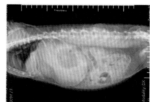

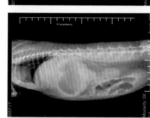

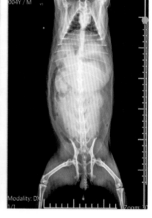

◆ X光檢查出的胃急性鼓脹

因可能是來自兔子本身的毛團或者是異物，有時誤食貓砂等墊料也會造成阻塞。

　　臨床檢查會發現嚴重脫水（超過10%）、甚至眼眶凹陷、黏膜蒼白、呼吸急促、呼吸困難，腹部觸診會摸到胃變得異常的大，胃緊繃。

放射線檢查（X光）可以看到胃非常膨大，累積大量的氣體在胃中央出現一個巨大的氣泡，在懷疑阻塞處的前段與盲腸會出現氣體累積，橫膈的位置與盲腸會因胃腸道的脹大而受到壓迫。血液檢查可見脫水現象，血清生化檢查會發現肝、腎指數上升，而離子方面會出現低血鉀現象。

臨床症狀

突然發生的腹脹以及腹部疼痛，會使兔子弓起背部窩著不動，腹部在數小時內快速膨大。突發性的完全無食慾、沒排便排尿，精神非常沉鬱。

治療方式

急性病例要先積極靜脈輸液維持血壓，儘快動手術將胃內容清空，移除阻塞，釋放壓力。粗口徑的食道胃管也可用來緊急對胃部洩壓，但是必須鎮靜、止痛。手術的結果取決於手術的時間點，如果嚴重急症又拖延手術時間，術中就可能會死亡。這個疾病是很危險的，所以還是以預防發生最為重要。勤梳毛、多吃草、減少緊迫、定期給予礦物油或化毛膏、季節變化時減少飼料餵食量等，都是預防的方法。

◆ 腸阻塞

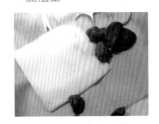

◆ 腸阻塞段取出之異物

肝葉扭轉

這是兔兔的肝膽腸胃急症，近年來有越來越多的病例發現，過去有許多這樣的病例被當作腸胃道蠕動問題診斷治療，而造成延誤以致惡化至死亡。發生原因不明，一般認為與品種基因有關，垂耳兔與大型兔較常見，患有偶發性胃鼓脹問題的也會比較容易罹患此疾病。

臨床上的表現與腸胃道蠕動異常或是鼓脹類似，突發性的拒食、腹部鼓脹疼痛、精神差、軟便或是沒排便、突然隨意排尿、粘膜蒼白、呼吸急促、癱軟虛弱等等。檢查血液學與血液生化會發現貧血、肝指數極端上升、腎指數上升等等，X光影像上與腸胃蠕動遲緩類似較無明顯特異性，必須透過超音波或電腦斷層才能明確診斷。

因為這是急重症，所以儘速送醫治療才有較高存活率，檢查確定診斷，緊急開刀配合輸血、積極輸液治療是最佳方式，有時保守內科治療也可能會有效果。

🐰 腸套疊與腸道腫瘤

腸套疊是指腸道因過度蠕動而交疊套在同一段，被包覆著的腸管會出現供血不良造成環狀壞死。腸套疊不常發生於兔子，常見於嚴重腸炎下痢的幼年兔或者有胃腸道異物、腫瘤的老年兔。雖然腸道腫瘤細胞有分良惡性，但是長在胃腸道上的腫瘤大部分都會影響蠕動甚至造成堵塞。常見有原發性的腸道惡性腺瘤、淋巴瘤，或是來自子宮轉移的惡性腺瘤等，也有良性肌瘤長在十二指腸，而堵塞了胃的通道造成病兔死亡。

臨床症狀

腸套疊會出現疼痛、拒食、不排便，觸診可摸到像「香腸」樣的套疊腸段，鋇劑造影可在放射線下看見嚴重堵塞，超音波也可以用來診斷。而腸道腫瘤的症狀多為慢性的，糞便漸進性變小變少、食慾減退、體重下降、血便、黑便等等，可以經由放射線或是超音波來診斷。

治療方式

若有腸道壞死就必須做腸切除與腸吻合手術。若是壞死的腸段過長，未來可能會有吸收不良的現象，也可能出現惡病質症狀。腸胃道所發生的腫瘤，以外科切除是較常見的治療方式。也有很多腫瘤在發現時已經擴散到多處腸段，甚至包覆著腸繫膜、淋巴結、或是重大血管，無法摘除治療。腫瘤的發生多半跟老化與基因有關，幾乎無法預防。

寄生蟲疾病

球蟲症是最常見的兔子寄生蟲疾病，屬於原蟲（protozoa），其中目前已知能夠感染兔子的共12種，皆屬於球蟲（*Eimeria*）屬。常見球蟲種類與感染部位及病原性如下：

腸道球蟲感染症

所有年紀的兔子皆可能感染球蟲，症狀的嚴重性與球蟲品種和卵囊量以及本身免疫力有相當的關係。一般來說幼兔的症狀會最明顯。感染球蟲的兔子會排出球蟲卵囊，可在顯微鏡糞檢時檢查出來。雖然資料上顯示因為球蟲生活史不經過盲腸，所以卵囊不會存在

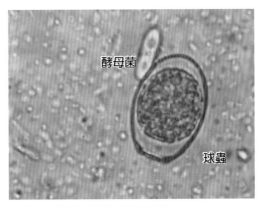

◆ 顯微鏡檢查下的球蟲與酵母菌

於盲腸便中，但是因為盲腸便排出時還是會經過結腸、直腸、肛門，所以臨床上也常在排出的盲腸便中檢查出球蟲卵囊。

臨床症狀

感染後無明顯症狀，經糞便檢查才發現卵囊，屬於潛伏型，會痊癒或發病與免疫調控有關。感染後症狀嚴重者會有下痢、體重減輕、無食慾、嚴重者會脫水。也會有機會造成二次性細菌感染嚴重下痢，引發細菌性腸炎、菌血症、腸套疊等造成死亡。

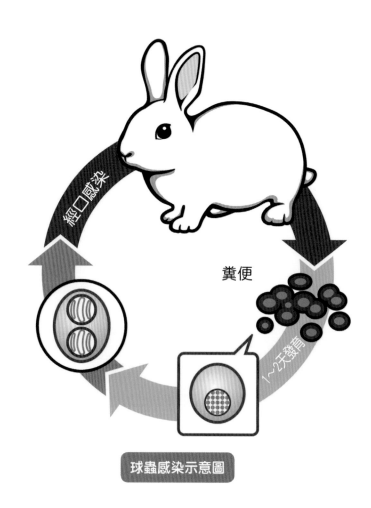

經口感染

糞便

1~2天發育

球蟲感染示意圖

如前頁圖所示，寄生蟲的感染途徑是經由糞—口感染，也就是食入含有具感染力球蟲卵囊的糞便或是遭汙染的食物及水源，常見於繁殖場的底材汙染感染以及寵物店群養感染。球蟲卵囊排出體外需要1～2天的時間發育成熟後才具有感染力，所以缺乏清理的飼養環境也是此病傳播的一個重要原因。

兔蟯蟲

兔蟯蟲（*Passalurus ambiguous*）是一種體長約為0.5～11mm的白色線蟲，一般並不具有病原性。常在糞便中或是肛門口被發現，成蟲寄生於盲腸及結腸，卵由糞便排出，經由糞—口感染。

臨床症狀

一般並沒有臨床症狀，但若是免疫力低下造成嚴重染的個體，會出現體重下降、肛門脫垂、肛門紅腫及搔癢等症狀。

治療方式

可口服給予蟯蟲治療藥物或是針劑注射皆可以達到驅蟲效果。

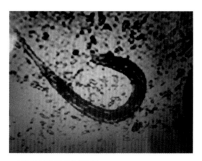
◆ 顯微鏡下的蟯蟲

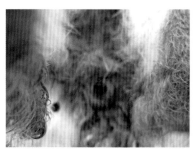
◆ 蟯蟲可能造成脫肛

細菌性腸炎

　　大腸桿菌（*Escherichia coli*）中有一種菌株對兔子有腸道病原性，通常會造成新生兔（14日齡以內的幼兔）的下痢，稱之為大腸桿菌症（colibacillosis），菌株不會產生內毒素，但會造成嚴重急性腸炎，出現水便造成嚴重脫水，感染的幼兔死亡率很高，就算使用較強效的抗生素，死亡率也高達95%以上，通常受過感染的母兔所生的下一胎可能會有免疫力而不易發病。常見細菌性下痢疾病有以下幾種。

黏液性腸病

　　感染年齡7至14週齡，黏液性腸病真正的原因並不是非常清楚，原因可能與盲腸ph值的改變以及盲腸正常菌叢的改變有關，這個疾病通常發生於剛斷奶的幼兔，因為這個階段的幼兔，盲腸的菌叢正在建立當中，此時處於最脆弱階段，死亡率相當高，超過60％的病例可能會同時併發肺炎。

　　較年長的兔子發生腸炎時有時也會製造大量黏液，這樣的狀況，我們會稱之為腸炎併發症，並不是黏液性腸病，而且死亡率也比較低。

　　總而言之，高纖維、低蛋白質、低脂肪、低澱粉飲食的兔群，是較不容易發生黏液性腸病。

臨床症狀

　　無食慾、虛弱、體重減輕、下痢、盲腸阻塞以及盲腸過度產生黏液。

治療方式

　　積極輸液、提供高纖維飲食（或者用針筒強制灌食草粉與蔬菜泥）、投予腸胃道抗生素及止瀉劑、餵食病兔吃健康兔所產生的新鮮盲腸便，並且給予益生菌。預防上建議給予斷奶後的幼兔循序給予高纖維飲食，而不是大量的飼料。可於飲水或食物中添加益生菌，保護脆弱的盲腸菌叢，並且避免過度擁擠及髒亂的飼養環境。

泰勒氏病

　　泰勒氏病是由梭菌屬中的 *Clostridium piliforme* 所引起，任何年紀的兔子都會感染，但較少發生於寵物兔。齧齒動物如野鼠等可能會是帶原者。當兔子處於過度緊迫的環境，就有可能會誘發這個疾病。通常無法靠一般檢查確診，只能由症狀以及病史判斷，唯有死後剖檢可發現肝臟局部壞死病灶，腸壁會有水腫及增生的現象，尤其是盲腸，胃腸道也會有局部的壞死病灶。

臨床症狀

　　幼兔症狀可能很急性，例如：水便、脫水、無食慾、精神沉鬱、死亡。成兔可能會引發慢性下痢、體重下降，反覆發作，甚至致死。

治療方式

　　並沒有特別的藥物可以治療此病，獸醫師多半只能給予支持療法與症狀治療，並且矯正血中酸鹼值與離子的失衡。給予靜脈點滴輸液，若個體緊迫者可先給予皮下輸液，另外以肌肉注射鈣劑補充鈣離子；給予強效止痛劑，減少疼痛緊迫；還有吞嚥能力者可以強迫灌食；出現缺氧現象的必須給予氧氣治療等等，但一般來說發病後胎兒與母體的死亡率都相當高，所以最好的治療方式就是預防。

在預防上最重要的就是減少緊迫的發生、控制環境中的鼠害、污染的食物必須丟棄、加強環境消毒與餵食高纖維飲食。

腸毒血症

腸毒血症是對所有年齡的兔子皆非常致命的一種疾病，主要原因是腸道內的菌叢失去平衡。大多是其他外在因素所導致，很少是原發性的問題。一般認為與梭狀桿菌有關，這種菌增殖快速而且會產生內毒素，毒素經黏膜吸收進入血液循環後致死的機率相當高。

造成腸毒血症的常見原因如下：

- 攝取過多碳水化合物，異常發酵造成盲腸酸化，過多的糖也利於梭菌增殖。
- 攝取過多蛋白質，產生含氮廢物「氨」，以致盲腸內菌叢不穩定。
- 食物中粗纖維攝取不足，腸道蠕動變差而異常發酵產氣。
- 投予不適當口服或注射式抗生素引起腸道內微生物擾亂症而造成壞菌增生。
- 突然間的改變食物種類也會造成腸內環境改變，引發腸內毒血症。
- 外在的緊迫（溫度不適、吵雜、改變環境等等）引起兔子免疫系統下降，對腸內壞菌的抑制減弱，導致過度增生引發疾病。

臨床症狀

沒有預兆突然間嚴重下痢，出現泥狀便、水樣便、黏液便、血便，而且下痢持續不止，糞便出現特別的「水果酸敗味」；無食慾，但卻會一直想喝水；虛弱無力，無法站立行走，呈母雞孵蛋姿態蹲坐，弓起背

部表現疼痛；呼吸急促、嘴唇黏膜發紫，甚至張口仰頭呼吸出現缺氧症狀；嚴重脫水造成黏膜乾燥以及眼眶凹陷；倒地不起、呼吸衰竭、休克死亡。腸毒血症的死亡率高達95%以上，非常致命。

治療方式

以靜脈輸液維持血壓，矯正脫水與離子失衡。投予高量收斂型止瀉劑，不可給腸道蠕動抑制劑。口服投予抗厭氧菌的抗生素、毒素吸附劑，保溫、給氧、給予預防休克藥物等等。但許多發病嚴重的病例對治療方式幾乎沒有反應，在48小時內就可能會死亡，如果能夠撐過危險期，也可能會有慢性下痢吸收不良等問題，甚至容易再復發。

預防上要給予高粗纖維飲食，無限量供給牧草。減少蛋白質與澱粉的攝取（飼料、點心、穀類、豆類、根莖類必須限量）。補充乳酸菌，保持腸道健康。給專科獸醫師治療，絕對要避免給予不適當的抗生素。減少環境緊迫，避免過熱、過冷、吵雜、衛生不良等等。

◆ 緊迫的環境會造成抵抗力下降，需時常注意

6

呼吸道與胸腔疾病

細菌性疾病

　　細菌感染所造成的呼吸道問題很常見，多半都是環境常在菌造成，最常發生在免疫系統較弱的幼兔與老兔。上呼吸道感染（鼻、咽、喉）較常見，像是急性與慢性鼻炎、咽喉炎等；下呼吸道感染比較起來雖然病例較少，但是一旦發生就可能威脅生命，像是氣管炎、支氣管炎、肺炎等。可能感染兔子呼吸道的細菌有很多種類，在這裡就最常見的幾種來介紹。

巴士德桿菌症

　　巴士德桿菌症是一種呼吸道綜合症狀。感染程度與菌株的強弱以及受感染的個體的免疫系統有關。

　　一般來說，完整哺餵母乳的幼兔在12週齡以下不易感染典型的上呼吸道症狀，而且幼兔的鼻竇發展未完全，細菌在鼻竇中較不會大量增殖，所以可能會成為「帶原」或是「潛伏」的病兔，其中許多可以自然痊癒，而另外則變成慢性帶原者。健康的兔子如果與受感染的養在一起，可能也會因為免疫系統完善而不被感染。

臨床症狀

　　被感染的兔子會出現大量的白色鼻分泌物，前肢內側會有毛髮糾結髒污的現象，典型的症狀會有鼻炎、鼻竇炎、鼻淚管炎、結膜炎，造成嚴重的鼻塞。

◆ 手臂內側擦鼻水後造成毛糾結

　　兔子是依賴鼻孔呼吸的動物，鼻塞可能會引起呼吸困難而缺氧，進而拒食不喝水。

　　若是進一步造成下呼吸道感染時會有以下症狀：
- 拒食、不喝水、體重減經、脫水。
- 呼吸用力急促。
- 精神沉鬱，不願移動行走，睡覺時間延長。
- 抬頭呼吸，呼吸音濕重，呼吸困難，嘴唇發紫。

　　這些症狀的出現不固定，所以有時難以查覺，但是一旦引起肺炎，通常會因缺氧而休克死亡。巴士德桿菌甚至也可能引發全身性感染，而造成敗血症。

治療方式

　　鼻腔採樣細菌培養，但健康兔採樣也可能會有巴士德桿菌，所以並一定不準確。血清也可做為診斷的依據，X光可用來診斷受感染呼吸道的嚴重性以及肺炎，也可檢查出中耳炎，判斷內耳、鼓膜、中耳區域是否受到感染。抗生素投藥是最直接的治療方式，細菌培養與抗生素敏感試驗更能對症下藥，這個疾病必須要投予抗生素6週以上才能達到良好控制。如果呼吸道嚴重感染，超音波噴霧治療會有明顯效果，如果是缺氧的病例就必須提供純氧治療以及支持療法。

　　預防上要提供乾淨、衛生、通風良好的飼養環境，給予營養充足的飲食。懷疑有感染原的環境消毒淨空，將4至6週齡的幼兔移出隔離，籠子與籠子間隔超過兩公尺，可有效預防病菌傳播。

寵物兔的健康專欄

巴士德桿菌症的發病條件

- 過度密集飼養造成個體間傳染，像是繁殖場或是環境不佳的寵物店，甚至一般飼主同環境飼養過多兔子。
- 免疫不全的兔子，如年幼且母乳哺餵不足或是年老兔或慢性病兔。
- 環境通風不佳、溫度不適合、過度緊迫等環境因素。

傳染途徑

- 直接接觸感染、吸入含有細菌的飛沫及分泌物。
- 細菌可以在潮濕的分泌物及水中存活數天，所以間接的感染也可能經由食盆、喝水容器與籠舍等傳染。
- 兔子打噴嚏能達到兩公尺的距離，這也是細菌能夠直接散播的距離。所以不要過度密飼也可以有效預防傳染。另外細菌還能經由外傷感染，並且擴散到鄰近組織，所以打鬥的傷口也可能引起感染。

🐰 其他細菌性呼吸道疾病

博德特氏菌屬（*Bordetella*）、金黃葡萄球菌（*Staphylococus aureus*）、假性單孢菌屬（*Pseudomonas*）等細菌性呼吸道疾病也會造成問題。

博德氏菌一般來說對天竺鼠比較有病原性，感染後會造成肺炎以及上呼吸道症狀，但是在兔子就比較少見嚴重的問題。健康兔子可能會帶原此菌而不會有症狀，但是會間接的對免疫系統造成傷害，所以博德氏菌的存在可能會增加感染巴士德桿菌的風險。如果在兔子的呼吸道中培養出博德氏菌，一般可能與和天竺鼠飼養在一起有關。

上述幾種細菌常見於健康兔子的呼吸道中，屬於伺機感染的病原菌，所以是否會造成疾病通常與個體的免疫力有關。感染此菌會造成結膜

炎，也會引起上呼吸道症狀，嚴重者會引起肺炎。通常感染後會有膿樣分泌物產生，表現的症狀很難與巴士德桿菌區別，所以會建議發現有黃白色鼻腔分泌或眼結膜分泌物時，最好能採樣做細菌培養，針對抗生素敏感試驗來投藥，或是給予強效的廣效抗生素，感染此菌一般

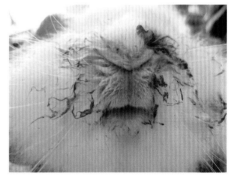

◆ 鼻膿、鼻分泌物

在治療方式上比較頑固，常常會引起長期的慢性症狀，例如慢性鼻炎。

慢性的鼻炎、膿樣分泌物，容易引起鼻腔阻塞，由於兔子是完全鼻腔呼吸，所以這樣的症狀很危險。如果有必要，上鼻腔切開術可以有效控制抗藥性型的細菌感染，改善生活品質。

鼻腔感染與慢性鼻炎

兔兔是完全鼻腔呼吸動物，鼻塞而造成兩邊鼻孔都無法正常呼吸是可能會致命的。他們的鼻腔構造相當複雜而且狹小，一旦有異物入侵或是細菌引起感染，那就有很高的可能性會引起慢性鼻炎。

因為複雜的鼻甲骨與鼻竇窩（recess），兔兔慢性鼻炎的治療大多成效不彰，即便投予抗生素，藥物也不一定能夠分佈擴散至病灶區。鼻腔採樣（內視鏡）細胞學送檢、細菌培養與抗生素敏感試驗是區別診斷的必要檢查，X光雖然可以幫助診斷，但由於鼻腔構造相當複雜，電腦斷層成了最佳診斷工具。

內科藥物治療雖然可以達到一定的效果，但往往也無法大幅度改善噴嚏等症狀，配合抗生素與輔助藥物的噴霧治療可用來長期症狀控制。

若是兔兔已經出現鼻腔內礦物化組織堆積而影響呼吸時，侵入性的外科鼻腔切開術會是改善生活品質的治療方式，但這手術破壞性相當大，對於鼻腔異物、腫瘤或是鼻腔異生齒的治療效果較佳，對於慢性鼻炎而言這是最終手段。

胸腔腫瘤

　　兔兔胸腔腫瘤可分為原發性與轉移性，胸腔原發性腫瘤最常見的是胸腺瘤、另外也有發現淋巴瘤與腺癌等。轉移性的腫瘤多為其他系統來源的惡性腫瘤，像是子宮來源的惡性腫瘤、身體其他部位的惡性肉瘤腺癌等等都有轉移到胸腔的可能性。

　　胸腔腫瘤的臨床表現多為呼吸急促、抬頭呼吸、腹式呼吸、粘膜發紺等等，而胸腺瘤的臨床症狀因為前縱隔腔的血管受壓迫，還會有雙側眼球與第三眼瞼突出的表現。

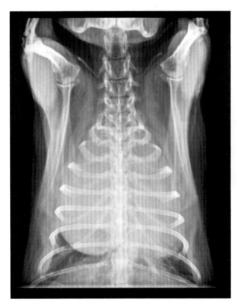
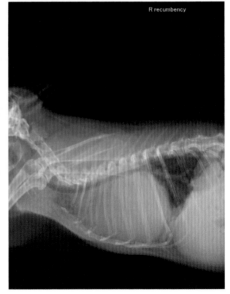

◆ X光下的胸腔腫瘤

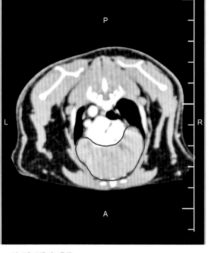

◆ 胸腔腫瘤CT

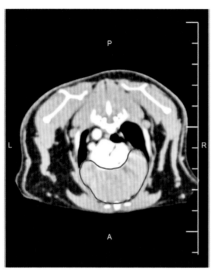

◆ 肺部團塊CT

治療方式

　　除了針對缺氧的兔兔提供氧氣與氧氣室的配置與支持治療外，針對腫瘤方面有化療、放療以及外科處理的方式。兔兔的化療藥物選項較少，但配合適當的投藥計畫也是可以用化療方式抑制腫瘤發展、延長壽命，但藥物副作用仍是相當大的問題。放射線治療也是腫瘤的低侵入性治療選項，但由於放射線治療的儀器皆為人類醫療專用，獸醫不易取得使用，法規與操作問題限制了這個治療選項。兔兔胸腔腫瘤的外科手術在過去幾乎是不可能達成的，但由於近幾年診斷設備（高階超音波、電腦斷層CT）與技術的進步、麻醉、止痛與外科的改良，以及術後良好的重症加護照顧，使得兔兔開胸手術的成功率提升，開胸摘除胸腺瘤的手術成了高成功率、低復發性的最佳治療方式。

心臟疾病

　　兔子發生心臟疾病跟犬貓相比較少，但是隨著養兔方法的進步，老年兔（大於八歲）越來越多，所以心臟病的發生機率也逐年上升，最常見是心衰竭。心衰竭的可能性很多，例如：瓣膜傷害、先天性問題、過度驚嚇、老化所造成的瓣膜以及腱索纖維化等等問題。可經由聽診、放射線檢查、心臟超音波、血壓量測、心電圖來確診。

臨床症狀

　　輕微者通常無症狀或不耐運動，輕微運動即呼吸稍喘；嚴重者呼吸急促、張口呼吸、胸腔有雜音、食慾不振、運動不耐、體重減輕、腹部膨大、後肢水腫、後肢無力等等，嚴重時口腔黏膜發紫、抬頭呼吸、呼吸窘迫最終死亡。

治療方式

　　由心臟專科獸醫師經由心臟超音波確診心臟病的類型，給予適合的心臟病藥物來控制，慢性病兔如果有對症下藥控制得當，症狀可以得到緩解及延長壽命。但是急性症狀往往對治療方式沒反應，就算給予純氧治療以及大量強心藥物，也可能會在幾個小時內休克死亡。

嗆傷與吸入性肺炎

　　吞嚥是一個很複雜又完美的反射動作，需要許多神經肌肉與軟骨的配合來達成，如果沒辦法一氣呵成的進行，那就會讓口腔要送到食道的物體進入氣管甚至支氣管、肺臟，而造成傷害。輕者嗆到、咳嗽、氣管刮傷等，嚴重者會造成窒息、氣管痙攣、或是吸入性肺炎等。

　　一般健康兔子不太會吞嚥異常而造成吸入性肺炎，通常是在人工餵食幼兔、病弱兔的灌食或是老兔吞嚥反射異常而引起。餵奶灌食這些動作都有一定的危險性，所以要特別小心。另外還有因為飲水器放置高度不恰當所引起的嗆傷，嚴重者除了會引發吸入性肺炎外，還可能窒息死亡，所以如果發現兔子有使用飲水器的不適，必須馬上更換適當的飲水器或是調整高度。

　　吸入性肺炎是指吸入食物、胃容物以及其他刺激性液體和發揮性的碳氫化合物後，引起的化學性肺炎。嚴重者可發生呼吸衰竭或呼吸窘迫綜合症。

臨床症狀

　　飲水或灌食後出現連續咳嗽症狀、疑似嘔吐物（兔子不會嘔吐）與唾液混雜吐出、呼吸出現水聲、呼吸音變重、呼吸深且急促、口腔鼻腔出現分泌物與食物殘渣等等，這些都可能是嗆到的症狀。前述症狀發生後的數天內若是伴隨著嘴唇發紫、呼吸急促、呼吸有明顯水聲（呼嚕聲音）、虛弱拒食、持續性口鼻分泌物等等，就有可能是吸入性肺炎的症狀。若傷及支氣管與肺泡，很可能會引起呼吸窘迫，甚至呼吸衰竭而死亡。

治療方式

　　如果是急性的吸入性嗆傷，必須馬上給予緊急處理，將兔子頭朝下（仰躺或趴姿），用手雙側規律壓迫胸腔、拍背，清理口鼻的液體與異物，保持呼吸道通暢，並且趕緊送醫用吸引器清理口腔與鼻腔，甚至可以使用支氣管內視鏡移除吸入的異物，最重要的是必須給予高濃度純氧，正壓呼吸治療並投予抗生素、支氣管擴張劑、化痰，甚至類固醇等。若是已經出現吸入性肺炎症狀，可用胸腔放射線檢查做診斷，治療選項有支持療法與呼吸療法，廣效的強效抗生素與其他藥物的投予。如果吸入的液體或異物傷害了肺臟或是無法移除，病兔症狀可能還是會惡化，藥物不見得會發揮作用。

　　虛弱兔或是幼兔的灌食以及老兔的照顧，必須觀察個體吞嚥狀況以及鼻腔通暢程度調整。兔子是完全鼻孔呼吸的物種，如果鼻孔堵塞了，他們會用口來呼吸，此時就容易嗆到。如果灌食後食物留在口腔中沒有吞入，必須停止灌食。兔子的吸入性嗆傷與吸入性肺炎都是相當致命的疾病，預防發生才是上策。

7

神經系統疾病

癱瘓

兔子常見後肢癱瘓。脊椎骨折、脊椎脫位導致脊隨神經傳導受到壓迫，造成後肢無法自主行動，甚至完全失去感覺。另外，感染「兔腦炎微孢子蟲症」，在蟲體移行於脊髓時也會造成脊神經受損，導致下半身輕癱軟弱無力。由於老化所造成的椎間盤病變，以致骨刺等問題也可能會嚴重壓迫脊髓神經，造成後肢無力，行動困難。

全身癱瘓一般較少見，但是如果脊椎骨受傷部位在頸部，當然也可能造成神經壓迫而全身癱瘓。

維生素A缺乏症、腦膜腦炎（細菌及寄生蟲）、妊娠毒血症、熱衰竭、重金屬中毒、腫瘤等也都可能會造成兔子的癱瘓。

除了癱瘓，另有突發性「全身性肌肉無力症狀」，又稱「軟弱兔症候群」。原因有很多，例如維生素E不足、硒元素缺乏、低血鉀、低血鈣、脂肪肝病變、球蟲感染、兔腦炎微孢子蟲症、弓漿蟲感染、中毒等，因此要確定病因有相當的難度。

臨床症狀

癱瘓的症狀分為很多程度，也有分部位不同，例如輕癱、偏癱、全身癱瘓、後肢癱瘓等等。原因大多是神經的傳導出現障礙，不論是從腦部所送出的訊息，或是由身體各部位所送回腦部的訊息，若是出現傳訊的間斷或停止，那身體就沒辦法隨意而移動，出現軟弱無力狀，或是僵直無法自主動作。有些是漸漸的癱軟而無力，有些卻是突發性的肢體軟弱無力。

治療方式

　　若是確診為創傷性脊椎損傷所造成的癱瘓，可以考慮外科手術，但必須經專業且詳細的評估再執行，否則失敗機率非常高。內科治療方式一般會使用類固醇與其他消炎藥物，恢復速度相當有限，年幼者恢復機會較大。但如果傷害造成排尿上的困難，那就必須導尿或是人工擠尿，否則泌尿系統也會受到嚴重傷害。長期物理治療與復健也有一定成效。

　　老化造成的脊椎病變或是椎間盤疾病，雖然外科的脊髓洩壓可以考慮，但是風險還是很高，所以一般多會以內科治療。口服消炎止痛劑、維生素B群等藥物，可以幫助緩解症狀，雷射、針灸、電療、按摩、水療、復健等替代療法效果相當顯著。

　　若確定排除脊椎傷害，那會建議先以支持療法。例如靜脈輸液，灌食等維持生理機能，再進一步檢查排除病因，血液學、血清生化、離子等都必須列入診斷考量之中。

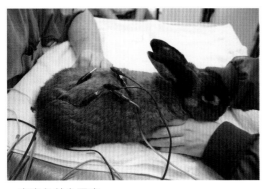

◆ 癱瘓兔針灸電療

◆ 腳卡到籠子是造成脊椎傷害的原因之一

中獸醫與幹細胞衍生物外泌體在慢性神經性疾病及癱瘓之治療

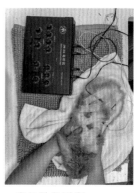

幹細胞使用已行之有年，但在兔子臨床上鮮少使用，因劑量上多以犬貓適用。而外泌體是取自幹細胞治療上重要的部分。它是細胞間溝通用的小泡泡，並非只有幹細胞才有，特別指出幹細胞，是因為它具有修復的指令。

◆ 病兔針灸電療

當我們受傷時，患部會釋出外泌體，通知身體需要修復；幹細胞也會釋出外泌體，開始指揮修復工程，而周邊細胞也會開始幫忙。

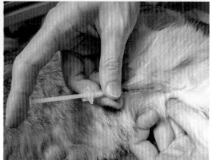

◆ 施打外泌體

兔子從出生開始，因為需要成長，富含幹細胞；但幹細胞會隨年齡日漸減少。因此當受傷修不好的地方（慢性問題），或是老化相關問題的癱瘓，就會顯現出症狀。其實有問題的地方可能一直存在，只是有修但沒修理好，甚至無法修復。

外泌體有著調節免疫、抗發炎、修復損壞組織，避免其纖維化作用等等；所以在臨床上有著許多應用。故使用在神經損傷、癱瘓等是有其療效；但前提患部必須結構正常（已經斷的骨骼、韌帶需外科修復），並且已經纖維化的組織無法再生。

在中獸醫部分，除了中藥治療氣滯血瘀、腎、脾經絡等，最常使用的是針灸，原理簡單講就是能使大腦釋放腦內啡（止痛）、促進神經傳導物質釋放（如血清素）、生長因子釋放、造成發炎反應，增加血液循環以修復軟組織、肌肉放鬆等作用。對於神經、內分泌、免疫系統都有刺激，以產生療效。

外泌體在中獸醫應用上，也能使用水針的方式，將外泌體注射於治療的穴位；效果會更好。

斜頸症（歪頭）

斜頸症，俗稱為「歪頭症」，醫學名詞為「前庭疾病（vestibular disease）」或是「斜頸症（torticollis）」。這個病症發生的年齡層沒有一定，但是好發於成兔或是老年兔，而且有可能復發。

可能造成斜頸症的疾病很多，以下依「發生的常見程度」來說明。

1. **內耳炎**：通常是由以下幾個病因所造成。

● 感染性疾病：由微生物的感染所引起，包括許多種類的細菌，由呼吸道經耳咽管侵入到內耳，當然也可能會經外耳道進入中耳到

內耳引起感染。也有病原經由血液循環進入內耳的病例，容易感染內耳的細菌包括厭氧菌跟好氧菌，甚至是真菌。

◆ 嚴重的斜頸症病例

- **異物與創傷**：外來物質侵入耳道，可能會穿過鼓膜進入內耳引起傷害，最常見就是人為過度的清理耳道（將清耳劑倒入耳道中），造成鼓膜破裂，顳骨的巖骨斷裂，鼓室泡破壞。

- **腫瘤**：臨床上也有少數腫瘤病例，會引起內耳的傷害。

- **毒素或藥物**：有些毒素可經由血液循環或是耳道進入內耳，

◆ 較輕微的斜頸症病例

造成內耳傷害，某些特定的藥物若是進入內耳，會引起嚴重傷害，如：碘製品、氯黴素、胺基配醣體類藥物以及消毒劑等等，某些注射用麻醉劑也可能引起內耳神經傷害。

2. **中耳炎**：中耳炎會引起斜頸症狀，只是一般中耳炎引起的多為「暫時性」斜頸症狀，原因多半是人為清理耳道（在耳道中倒入潔耳液）或呼吸道的上行性感染，甚至耳疥蟲感染。「中耳炎」的介紹在「耳部疾病」章節有詳細敘述。

3. **腦幹疾病**：尤其是發生於前庭中心的疾病，出現的斜頸症狀可能會與內耳疾病相似。因為大腦的前庭中心（平衡系統）在腦部深處，受影響的區域一般都被腦部組織包圍著，所以也可能會併發其他的神經症狀，例如：食慾下降、精神呆滯、癱瘓甚至猝死，如果嚴重傷害大腦，也可能會出現癲癇抽搐的症狀。

4. **原蟲疾病**：兔腦炎微孢子蟲的感染途徑是食入或吸入經病畜的尿液散布的孢子，然而主要的感染途徑卻是經由母體胎盤感染。具有感染力的蟲體會經由腸道移至心臟、肺臟、肝臟、以及脾臟，此時病兔並不會出現外在症狀，但是在許多病兔體內，這個孢子蟲會逐漸上行擴散至腎臟、眼睛、腦部。即使在這個階段，許多病兔仍然不會表現病徵，但有些病兔在這個階段會嚴重發病影響免疫系統，甚至死亡。當孢子蟲進入腦部後，會進行孢子化，破壞前庭系統，造成斜頸症。另外有報告指出弓漿蟲感染也可能造成斜頸症，但是很少見。

5. **其他寄生蟲感染**：例如線蟲的迷入也可能會引起腦神經的傷害，而出現疑似斜頸症狀。

6. **腦部的細菌性感染**：細菌性腦炎或腦膜腦炎會引起神經症狀，如果傷害中樞前庭系統也會出現共濟失調（運動不協調）或轉圈的行為。有時是因為上顎膿瘍引起的眼球後感染，細菌沿著眼球神經與動靜脈進入腦部而感染，也有因中耳炎或內耳炎引起的上行性腦部感染。

7. **腦血管意外傷害（中風）**：這類問題較少見，還是有病例指出過胖或是年老的兔子有突發性斜頸症狀，出現眼球震顫與共濟失調，漸漸虛弱昏迷休克死亡，經解剖檢查發現疑似腦部血管出血造成的血塊壓迫而引起。

8. **腫瘤**：一般在兔子腦部的腫瘤多半是轉移而來，像是耳道的酊聹腺瘤就有侵犯內耳前庭系統的病例，病兔因此而出現斜頸症狀，後來轉移腦部造成死亡。另外像是子宮惡性腺瘤或是惡性乳腺腫瘤也可能會轉移腦部造成傷害。

9. **外傷**：像是撞擊引起的傷害，也可能傷及前庭系統，甚至引起腦部血管傷害而造成斜頭症狀。

10. **毒素**：重金屬中毒如鉛、鋅等會引起腦部受損，鉛一般常見於舊式的籠子金屬塗料或是舊式油漆，如果使用的籠子不是兔子專用籠，還是建議換成是無毒塗料的籠子。另外像殺蟲劑、過量驅蟲藥物、植物毒素、一氧化碳等，也都可能會引起類似症狀。

11. **熱衰竭（中暑）**：高熱所引起的熱衰竭現象會傷及腦部，也會因此出現旋轉繞圈、失去平衡、虛弱等症狀。

　　飼主詳細描述的病史有助於診斷，臨床的生理檢查可以判斷斜頸症的嚴重性，如果要深入檢查確診病因可以有以下選擇，這都要經由兔科獸醫師來診斷，甚至會需要影像學專科獸醫師，檢查項目有基本血檢如CBC與血清生化學離子血液氣體分析等、血清學檢查是否感染微孢子蟲、侵入性採樣細菌培養、耳道內視鏡檢查可檢查是否有鼓膜傷害、放射線學檢查（X光）可以幫助診斷內耳鼓室泡部分是否受到破壞、另外像是電腦斷層掃描（CT）與核磁共振掃描（MRI）都是非常有力的診斷工具。

◆ 斜頸症會站不直

◆ 暈眩

臨床症狀

　　這是很常發生的疾病，通常沒有任何前兆，頭就突然歪了一邊，頸部歪斜的角度甚至可以到180度，或是失去平衡爬不起來、原地轉圈圈、地上打滾、精神沉鬱、半邊癱瘓、眼球不斷上下或左右震顫等等。

　　嚴重會完全喪失食慾、無法吞嚥，甚至連水都無法自己喝，造成病兔脫水，引起更嚴重的傷害。

治療方式

　　必須針對診斷結果來訂定計畫，如果可以確診為何種感染或是傷害，對症下藥當然是最理想的。但是不幸的是，通常沒辦法做到如此深入的檢查，而且往往檢查也不一定能夠確診，所以治療方式多半都是以對症治療與支持療法為主，例如廣效抗生素孢子蟲驅蟲藥以及抗暈藥物的使用，如果嚴重的運動失調而且又一直繞圈旋轉的病兔，為了避免過度筋疲力竭或是受傷，也可以使用鎮靜藥物來使之放鬆休息。類固醇的使用必須要仔細評估，因為兔子對於類固醇相當敏感，可能會引起嚴重的免疫抑制。

　　護理照顧上必須要注意兔子的進食與飲水，因為共濟失調可能會讓兔子無法行進到他想去的地方，進食與喝水更加困難，所以如果發現進食與飲水量不足，飼主必須給予灌食（草粉與蔬菜泥）。如果完全無法站立與行走，那就必須要小心的護理躺著時壓迫的身體部位，每日按摩以及毛髮清理也是非常重要的，要避免尿灼傷與褥瘡產生，可以使用厚毛巾捲成條狀圍繞兔子的身邊當做支撐，每天由飼主輔助病兔站著10～20分鐘，配合長期的復健治療方式避免肌肉萎縮。而在下面那一側的眼睛容易引起嚴重結膜炎，可以配合抗生素眼藥水以及眼睛包紮，避免過度摩擦。把握黃金治療時間（2～3天），雖然可能會需要長期護理照顧，恢復期也可能要4至8週，但還是有很高的治癒機會。

兔腦炎微孢子蟲症
(*Encephalitozoon cuniculi*)

　　這是一種哺乳類細胞內的寄生原蟲，微孢子蟲綱。雖然稱之為寄生蟲，卻是屬於真菌類。這個寄生蟲廣泛感染人工飼養的家兔，全世界的家兔都有非常高比例的感染病例。這是一個人畜共通傳染疾病，他可能會感染免疫不全的人類，造成嚴重的疾病。其他的哺乳動物，例如：羊、狗、豬、狐狸、貓、囓齒類甚至靈長類，都有感染病例的報告。

　　在寵物兔身上要確診這個疾病是非常困難的，因為這種寄生蟲很難被分離出來，所以確診的方式大多是於死後解剖檢查，由腦部及腎臟的組織切片來判定。抽血檢查血清抗體反應或蛋白質電泳等實驗室檢查，都可當做輔助診斷的工具。

　　寄生蟲孢子會經由尿液散播，吃到受感染的水或食物就可能會遭到感染，胎盤傳染以及吸入感染都是感染途徑之一。孢子可以存活在極端惡劣環境一段時間，但是一般消毒劑，以及煮沸的熱水就可以將孢子破壞。在常溫下孢子可存活4週，所以飼養寵物兔時定期消毒環境是很重要的預防方法。

◆ 眼球內有免疫複合體

臨床症狀

斜頸、後軀無力、麻痺、癱瘓、發展遲緩、虛脫、顫抖、筋攣、癲癇、小便失禁、腎衰竭、白內障、水晶體內免疫複合體，甚至嚴重者會引起葡萄膜炎以及全眼炎。

治療方式

治療方式主要為症狀治療、預防孢子的產生與減少蟲體數量，28天療程的口服驅蟲藥Fenbendazole，配合廣效抗生素合併使用可以有效預防孢子產生。急性症狀可評估類固醇藥劑治療，減緩神經系統的發炎現象。嚴重神經症狀者，例如嚴重運動共濟失調或翻滾站不起來的病兔，可以使用鎮靜藥物讓病兔穩定，減少受傷。

不幸的是，當這些神經症狀出現時，代表著寄生蟲已經移行進入腦神經系統，並且產生了孢子，所以幾乎不可能完全治癒，只能夠針對症狀來做控制。眼球受感染以致水晶體內出現免疫附合體，造成眼炎時，可使用類固醇眼藥水控制症狀，嚴重時可做晶體或眼球摘除。

由於此病症廣泛感染全世界的兔子，所以要預防這個疾病的感染幾乎是不可能的。繁殖場可以給予新生兔群驅蟲藥預防，並且保持良好環境衛生，定期消毒，架高食盆，使用飲水瓶，避免使用水碗以免尿液汙染。飼主若購買新生幼兔，可以帶至專業獸醫單位檢查，由於許多野生哺乳動物，都可能帶有這個疾病，所以避免寵物兔接觸野生哺乳動物也可預防發生。

8

肌肉骨骼疾病

開張肢

前肢或後肢往外側伸出，無法自主的維持正常姿勢，行動上也會有困難，有時只有單一肢體發生，但也有四肢都是開張肢的病兔。除了突然的神經損傷或是脫臼造成的永久傷害外，這個疾病多半為遺傳性的脊椎發育異常、肩胛骨與關節異常、骨盆骨發育不良、或是關節軟骨發育障礙等造成。有的症狀一出生就看得出來，但有些是漸進性的發病，開張情況隨年齡成長而越來越嚴重。

◆ 開張肢病例

臨床症狀

除了會造成肢體障礙行動不便之外，還可能使病兔因無法移動身體，進食飲水困難而營養不良、脫水。長期的體重壓迫也容易造成褥瘡，排便排尿沾到下半身皮膚引起接觸性皮膚炎、尿灼傷，甚至因排尿汙染尿道口造成泌尿道感染。

◆ 腳外張

治療方式

這個疾病多半是因為遺傳引起，所以沒有有效的治療方法，若是創傷造成的，通常因為神經與韌帶也可能受損，即使進行修復或整復手術，還是徒勞無功。醫師必須評估嚴重性，若是單一肢體的問題，那還可以靠改善環境提供良好生活的品質。若是多重肢體問題，那飼主必須

了解照顧上的困難性，並且配合醫師所建議的護理方式，避免慢性疾病發生，選擇適合的底墊，吸震、透氣、防水、不回滲為佳。吸震柔軟的底墊可預防褥瘡，透氣乾燥可減少皮膚炎發生；盡可能將容易沾到糞尿的毛髮剃光，沾到糞尿汙染後以清水沖洗局部並保持乾燥，也可以配合局部使用「凡士林」來保護皮膚，很多這類病兔在飼主的細心照顧下也可以有不錯的生活品質。

預防上必須靠繁殖者來把關，只要幼兔或成兔有這類疾病的表現，那就必須在血緣關係上追查親代，停止該親代繁殖，並且結紮以杜絕不良基因的延續。如果購買或是認養有這樣疾病的兔子，飼主除了必須了解照顧上的重點外，最好還是結紮該病兔，並且告知販售商與認養來源，避免再有更多病兔被繁殖售出。

骨折與脫臼

兔子的骨骼特性不同於其他脊椎動物，他們全身骨骼總重量僅占全身重量的8%左右，輕薄脆弱程度就可想而知了。兔子擁有過人的跳躍力，強韌的後腿肌肉，卻也對脆弱骨骼造成非常大的破壞力。骨折的案例中，肌肉力量往往扮演著加害者。若是幸運一點沒造成骨折，也可能會使關節受創、脫位，進而造成脫臼的傷害。

◆ 腳卡到籠子是常見的骨折與脫臼原因

在骨科傷害中，四肢骨折與脫臼是最常見的。由於肌肉力量過大，過度的掙扎用力就有可能造成骨折或脫臼，主因多為「腳掌遭卡住或勾住」而為了掙脫造成骨骼受力斷裂，或是關節韌帶因此撕裂而脫位。地毯、籠子底部網目、籠子門出入口鐵絲網、木製底板損壞的破洞等，都非常容易卡住兔子的腳掌或腳指。另外，人為的抓抱不當，掙扎跳脫的高度差也可能造成骨骼的傷害，也曾見過跳出主人手中後撞擊到地板，造成胸腔內出血而致死的案例。

臨床症狀

前肢或後肢不願接觸地面，抬高單一腳行走，跛行，表現疼痛，甚至受傷的腳拖著走，呈現軟弱無支撐性。

◆ 走路拖行

治療方式

必須先經由放射線學診斷（Ｘ光）骨折的嚴重性，依不同程度與部位有不同的治療方式。若骨折部位在腳掌骨或是指骨，一般給予包紮外固定，限制行動數週可自行癒合。若是斷在前肢橈尺骨（前臂），沒有穿出傷的話，也可以用具有支撐性且質輕的支撐物包紮固定，限制行動，給予消炎止痛劑，癒合機率也相當高。但若是骨折部位在前肢肱骨（上臂），或後肢脛腓骨（小腿），甚至後肢股骨（大腿），那就必須經過專業獸醫骨科醫師詳細的評估，才能決定治療方式，例如單純包紮外固定、骨釘、骨板、骨外部支架固定（ESF）等。若是有骨穿出傷、複雜性骨折、出血等，那就必須由外科緊急處理。但不幸的是，由於兔子骨骼強度不足，肌肉又過度發達，而且生性好動，所以統計學上顯示，有很高比例的兔子骨折，經外科治療後，還是難逃截肢命運。但是臨床上，截肢的兔子多半也有不錯的生活品質與正常活動力。

至於脫臼，可以經由經驗豐富的獸醫師，利用肌肉鬆弛劑合併全身麻醉，來執行關節復位術，一般不需要外科開創處理，但復位後必須要配合外固定包紮並且限制行動，否則可能會再脫位。若是無法復位的髖關節脫臼，也可以用外科切除股骨頭，兔子因體重輕所以股骨頭切除後大多恢復良好。

　　預防上要減少兔子緊張掙扎，注意環境中可能的潛在危險，避免四肢被籠子卡住，定期帶兔子到戶外走走，照射柔和陽光預防骨質不足，適當的運動可以強化肌肉骨骼。補充高鈣食物並無法保健兔子骨骼，反而會造成腎臟負擔。

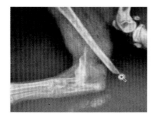

◆ X光中的小腿骨折

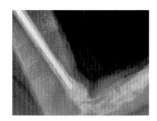

◆ X光中的後肢打骨釘

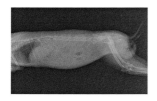

◆ X光中的脊椎骨折

◆ 病例兔奇奇截肢後仍可正常生活

脊椎骨折與脫臼錯位

脊椎骨由少動關節所連接，外圍包覆著韌帶深層與淺層肌肉，而脊椎骨形成的柱狀管腔保護著脆弱的脊髓神經。兔子的後腿發達，移動方式又以彈跳為主，所以位於全身槓桿支點的脊椎在運動時承受著很大的力量，即便兔子的脊椎兩旁胸腰最長肌群發達，但還是無法有效保護脆弱的骨頭，過度用力掙扎或是從高處落下時，脊椎很容易受力斷裂或是脫臼錯位。一旦脊椎受傷，斷骨碎片或是錯位的脊椎都會嚴重壓迫脊髓神經，脊髓神經受損而腫脹發炎，最終會造成神經損傷導致癱瘓。如果抓抱時沒有托好下半身，兔子用力一踢就可能脊椎錯位。另外，老年兔的脊椎因長骨刺而變得僵硬易脆，過度運動也可能會讓脊椎受力斷裂。

治療方式

脊椎骨折、椎體脫臼錯位很難以外科手術修復，因為兔子的骨質硬度較差，若是在脊椎棘突打洞或是鎖上骨板，很容易對脊椎骨造成更大的傷害，而且手術時間較長，麻醉的風險很高，術後的疼痛與復健也會是很大難題，容易造成兔子緊迫，所以一般還是建議以內科治療為主。

剛發生脊椎骨折的病例建議使用類固醇或其他消炎消腫藥物，以預防脊髓神經因發炎而腫脹壞死，並給予鴉片類止痛劑，減緩緊迫發生。長期治療以雷射、針灸、電療等復健方式為主，並且做好護理，預防褥瘡發生。如果癱瘓已經發生，評估後神經受損嚴重，還是建議以生活品質做考量，長期安寧護理或甚至不得已選擇安樂死。有些案例可能引起嚴重併發症，如無法排尿、腸道無法蠕動、呼吸困難等而造成死亡。

減少緊迫與掙扎，抓抱時用手托住兔子下半身避免墜落，移除環境中的危險因子，定期運動與少量日曬加強骨骼肌肉強度，才能有效預防。

骨髓炎

　　骨髓的感染最常發生於四肢骨，常見原因有兩個，因開放性骨折裸露出的斷骨遭到汙染，處理不當所致；嚴重的掌底炎造成細菌侵入骨髓腔。

　　骨髓炎是種非常難以治療的病症，在兔子身上更是容易發生且無法治癒的疾病。一旦細菌侵入兔子的骨髓腔後，會出現嚴重的感染而引起皮下組織、肌肉內與骨髓腔中的膿腫，而且兔子無法用引流方式清創，造成治療方式上的不易，所以往往都會以截肢收場。

　　當骨折造成斷骨刺穿肌肉皮膚而引起骨髓腔開放傷口，而傷口乾淨又在發生初期（8小時內）就給予治療處理，感染機率就較低；但是如果在發生後延誤了就醫時間，就會大大增加感染的風險，因為傷口一定會接觸到環境中的飲水、食物、糞尿、自舔傷口的唾液等汙染物，一旦細菌侵犯到了骨髓腔，骨髓裡的環境會讓微生物快速繁殖，這就不是兔子免疫系統或是給予抗生素可以控制的。

　　而「掌底炎」造成的骨髓腔感染比較常見於兔子。因為兔子腳底沒有肉墊的保護，一般飼主又常常使用金屬底網來飼養，金屬底網持續造成的掌底傷害就可能會演變成骨髓腔的膿瘍，有時甚至四肢都會發生。

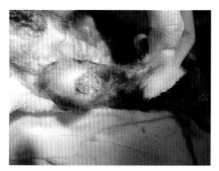

◆ 骨髓炎

一旦細菌侵入了骨髓腔，有些病原性較高的菌種就可能會隨著血液循環擴散感染其他四肢骨、眼球、呼吸系統、肝臟等，一但造成全身性的問題，最終可能引發敗血症、菌血症而導致死亡。

臨床症狀

　　骨折引起的骨髓炎症狀大多很明顯，像是斷骨不癒合或是斷骨周圍皮膚肌肉持續紅腫，觸摸感覺發熱，局部腫脹的現象日漸明顯，甚至由傷口流出分泌物。而兔子表現局部疼痛，受傷的肢體無支撐力，雖然沒有影響食慾但卻漸漸的消瘦，嚴重者虛弱、無力、昏迷、死亡。如果是由掌底炎所引起的骨髓炎，症狀較不明顯，只覺得病兔腳掌底下脫毛腫脹，腳底出現傷口又不容易癒合，關節發熱腫脹，局部肢體表現疼痛不願施力，發展較快的會有明顯膿樣分泌物由傷口流出，分泌物日漸增加，病兔日漸消瘦。

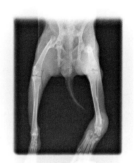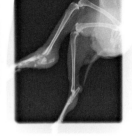

◆ X光下的骨髓炎

治療方式

　　由放射線學檢查（X光）可以發現患處有明顯骨溶解現象，傷口與斷骨出現不癒合症狀並且有分泌物產生，分泌物抹片染色可見明顯白血球與菌塊。初期確診為骨髓炎可以嘗試積極治療，例如抗生素植入物或是清創手術採樣培養，若是控制不住感染必須果斷的截肢避免擴散至其他肢體，但如果已經出現其他肢體的感染時就不考慮截肢了，因為不但控制不住感染，甚至會因為截掉2條腿而影響生活品質，所以只能採取消極療法，定期清創（每1～3日）用稀釋消毒水沖洗傷口，長期止痛，雖然抗生素

可能沒用，但還是要長期給予廣效抗生素，飼主居家護理並且改善生活環境，如果生活品質很差的病兔，還是建議給予安樂死以減輕痛苦。

骨刺與關節炎

　　骨刺是指脊椎軟骨受擠壓或是老化與受傷導致的慢性炎症反應，造成椎體間距離不足傷及椎間盤軟骨，形成的軟骨變型或是骨質異常增生，進而壓迫脊椎神經造成不良於行或是疼痛，甚至肢體癱瘓無力。骨刺通常會發生在較常活動的腰椎位置，但頸椎、胸椎甚至四肢也都會發生。

　　關節炎是關節囊液流失、關節軟骨磨耗、骨質相互磨損、贅骨增生等問題而引起的發炎反應，這會造成疼痛而不良於行。關節炎會發生在所有可動關節位置，最常發生在膝關節與前肢腕關節。老化、肥胖與受傷是引起關節炎的主因，肥胖也容易引起前肢的變形。

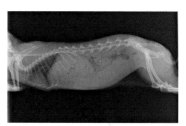

◆ X光下的骨刺

臨床症狀

　　骨刺會使兔子漸進性的失去奔跑與跳躍的能力，行走姿態改變，因疼痛而表現出弓背；後肢較無力所以無法清理耳道使得耳臘（耳屎）量增加，甚至引起耳道炎；隨地排尿與排便，胯下區塊毛髮糾結髒亂等等。繼續發展會引起嚴重的脊髓神經傷害，甚至會造成下半身癱瘓。

　　關節炎容易發生在前肢腕部與後肢膝關節，症狀與骨刺類似，會漸進性的出現肢體使用不便或是跛行，跳躍力變差，行走姿勢改變；前肢通常掌部會向內彎曲變形，支撐性變差，觸摸時會表現疼痛，發炎較嚴重時會腫脹；後肢膝關節的關節炎有時會讓關節變得僵硬，伸展角度不

足，也會造成耳道清理上的困難；如果曾經發生過髖關節脫臼而沒有復位成功的兔子，在年紀較大時，也會出現嚴重股骨頭磨損以及關節窩磨損的關節炎。

治療方式

骨刺的治療方式有幾個不同的方針，針對疼痛必須給予消炎止痛劑，另外可以輔助給予維生素B1與B2，能有效減輕神經的發炎；給予一些含有軟骨素的寵物用保健商品減緩脊椎關節的惡化，對於軟骨的修復也有幫助；因骨刺壓迫神經造成癱瘓或是後肢無力的病兔，物理復健有明顯幫助，例如雷射、針灸、電療等等；已經嚴重癱瘓的病兔就只能夠藉由良好的居家護理照顧來改善生活品質，避免尿灼傷與褥瘡的發生。病兔要避免過度的劇烈活動，如快速奔跑或是跳高跳低等，這些動作可能會加劇症狀的惡化，給予適度的緩和散步並且用牽繩限制活動，可以幫助肌肉的強化。

關節炎的治療方式跟骨刺一樣，多為止痛與改善生活品質，可以給予含有軟骨素與葡萄糖胺的寵物商品，有助於緩解關節囊的惡化。

骨刺並沒有特別的預防方法，只能夠盡可能避免兔子過度運動而受傷，規律而定量的戶外運動，飲食的營養均衡，如果脊椎曾經受傷則建議要定期做復健治療，定時給予含軟骨素與葡萄糖胺的保健商品，小心避免脊椎再次受傷。

　　預防關節炎發生最有效的方是就是不要將兔子養到過胖，因為體重會增加關節的負擔，加速關節耗損與老化，避免過度劇烈運動，減少向下跳的動作以及下樓梯（人類的樓梯），以免增加關節的負擔。飲食均衡，每日定量攝取蔬果，維生素C有助關節軟骨修復，投予軟骨素與葡萄糖胺類的保健品也都有相當的幫助。

◆ 適度的運動可以強化肌肉與骨骼的發展

中獸醫與復健在關節炎治療
by陳佑維醫師

　　臨床上關節炎，多見於老齡、運動傷害，飼養環境不適當等等。依照程度上及需求或是兔子的接受度，可選擇適合的治療方式。如不適合較侵入性的治療，多為緊張或躁動類型，可以先從緩和的治療，像是四級雷射加上中藥治療；如果躁動原因為關節炎引起的疼痛反應；穩定的時候可以介入較侵入性的針灸。

　　中獸醫的部分，需辯證問題是什麼？如老齡的腎虛，風寒濕引起的關節炎，或是骨痺等，需對症給藥及針灸治療；針灸常用的有，艾灸、乾針、電針、水針、雷射針灸之分，依需求來選擇搭配。中藥使用期間為3～6個月或是症狀解除即可。 針灸則依嚴重程度來決定療程，如嚴重者前幾天，可每天一次；或是一週一次，一般需要至少四次，會比較有效或穩定，之後評估兔子的狀況，可調整為二週一次、一個月一次，或是視情況而定。

　　艾灸在較寒虛、老齡、腎陽虛者常使用。乾針各狀況都可以適用，但持續時間短。電針則是較強刺激功效，增加神經內分泌物質釋放效果較好。水針持續時間較長，也能配合液態的藥物使用。雷射針灸則是以四級雷射刺激穴位，來達到療效，非常適合較緊張、躁動的兔子；或是無法順利針灸的位置。全部都可搭配使用。

復健部分，有按摩、推拿、被動關節活動，以及利用輔具協助恢復的訓練。一般居家按摩是必要的，如果沒有按摩，去放鬆肌肉及將沾粘筋膜剝離，那麼兔子的姿態與疼痛很難得到改善，也無法使復健順利進行。被動關節活動則是妥善伸展兔子的各個關節；因為關節炎的兔子，有些關節僵硬，造成疼痛與不敢使用患部，然後又造成更多關節僵化，最終軟骨因為無法受到關節囊液滋養而鈣化（或是軟骨已磨損殆盡），關節就卡卡不能動了。

當兔子的關節炎、柔軟度改善了，接下來需要的是開始訓練流失的肌肉；可以從正確的站姿開始，練習負重。之後則是依需求，使用輔助道具，讓兔子能使用治療後的患部，去復原它的功能。輔助道具可以是矯正腳高低的泡棉、傾斜的板子（練習前軀或後軀的負重與活動）、提供跨欄的矮橫桿、平衡板等。最重要的是，如果可以開始走動，甚至小跑跳，給予安全適當的空間活動很重要，如果復健了，但整天還是關在籠子，維持固定姿勢休息，那麼還是不會改善喔。

骨骼疾病總整理

疾病種類	病因	治療方式	預後恢復
開張肢	先天遺傳或後天神經傷害	● 護理照顧 ● 復健治療 ● 生活品質不佳者可能建議安樂死	通常不良
前臂骨折（橈尺骨）	外力受傷	● 外固定配合包紮 ● 骨釘內固定 ● 骨外固定手術	預後良好
上臂骨折（肱骨）	外力受傷	● 骨釘、骨板內固定 ● 骨外固定手術 ● 外固定配合包紮	預後良好
小腿骨折（脛腓骨）	外力受傷	● 骨釘、骨板內固定 ● 骨外固定手術 ● 外固定配合包紮	● 需嚴密監控 ● 恢復程度依據受傷部位及骨折方式而有所不同
大腿骨折（股骨）	外力受傷	● 骨釘、骨板內固定 ● 骨外固定手術	需嚴密監控
脊椎骨折或脫位	● 外力受傷 ● 過度掙扎	● 外科脊椎修復術 ● 內科治療跟復健 ● 長期護理照顧 ● 嚴重者生活品質不良建議安樂死	預後不良
複雜性骨折 穿出性骨折 骨髓炎	● 外力受傷 ● 二次性傷害 ● 細菌感染	● 外科手術 ● 內科治療 ● 截肢手術	● 治療預後不佳 ● 截肢後生活品質可維持良好

9

生殖系統疾病

兔子常見的繁殖相關問題

棄養仔兔

母兔一般會自行照顧幼兔,但以下原因常會造成母兔棄養幼兔。

- 環境吵雜或是不夠隱蔽。
- 人為移動幼兔,幼兔身上沾上異常氣味。
- 與其他兔同籠。不論公母,都可能影響母兔哺幼。
- 母兔初產(第一次生產)。
- 母兔營養不良或疾病。如妊娠毒血症、產褥熱、乳腺炎等。
- 幼兔有嚴重先天性疾病或缺陷。

幼兔的成長期(由出生後開始計算)

◆ 出生第1天約40g

◆ 出生第7天開始長毛髮

◆ 第10天開眼(擁有視覺)
◆ 第12天開耳(擁有聽覺)
◆ 第18天開始四處活動,也能接受固體食物

◆ 出生第20天約250g
◆ 第60天完全斷奶且獨立

寵物兔的健康專欄

兔子繁殖相關小常識

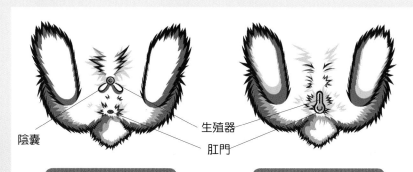

陰囊

生殖器

肛門

公兔的生殖器構造

母兔的生殖器構造

- **兔子的性成熟期**：公兔約3～5個月，母兔約6～8個月，排卵方式：交配誘發排卵，交配後9～13小時內會排卵，受精後會在約7天左右在子宮內著床。
- **繁殖季節**：在人工飼育下一年四季皆可繁殖，在野生的環境下是在春夏兩季。
- **發情週期**：兔子沒有明顯的發情週期，但大約會持續7～14天然後休息1～2天這樣不斷的重覆著。
- **發情**：母兔發情外陰部會非常紅腫，此時若摸她背部，就會將屁股抬起來接受公兔騎乘。不管公兔母兔，發情時下顎的腺體都會腫脹，公的較明顯。另外，公兔一但睪丸下降至陰囊中，就有繁殖能力，平均約為2～4月齡開始發生。
- **懷孕期**：平均29～33天
- **胎兒數**：平均4～12隻。小型兔較少，大型兔較多。
- **哺乳期**：6～8週

🐰 哺乳

　　新生幼兔出生後的10天內幾乎無法離開母兔，需要完全依靠母奶生存。小於10日齡的幼兔若離開母兔（例如母兔死亡、母兔放棄哺乳或是人為分開母兔與幼兔），而以人工的方式哺餵代奶，死亡率是很高的。

　　哺乳期間幼兔的消化道尚未完全發育，所以過早（18日齡以前）給予過多母乳以外的食物，很可能會消化不良，另外，兔子屬於草食性的後腸發酵動物，必須經食糞行為獲得額外養份以及維持正常菌叢，幼兔在15日齡之前要由母兔提供並且餵食盲腸便，而且要到20日齡以後幼兔才能自行練習食糞行為。

　　母兔一天可能只會花費很少的時間在幼兔窩中，每天也可能只會餵奶1～2次，間隔最長可達24小時，哺奶時間多半會是在天亮之前，所以很難被飼主觀察到餵奶的行為。

　　幼兔每天會喝約體重20%的母乳量，初乳（前2～3天的奶）含有免疫球蛋白，母乳成份蛋白質約10.4%、脂質約12.2%、糖份約1.8%。從幼兔出生後到3週大時，兔媽媽每天會分泌200～250ml的乳汁。若是要判斷幼兔是否有喝到足夠母乳就需要每日監控幼兔體重。

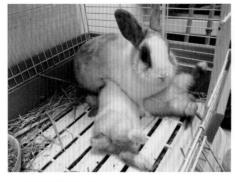

◆ 母兔的哺乳行為

◆ 母兔哺乳

寵物兔的健康專欄

人工哺乳

　　母兔生產後，飼主要每天觀察兔窩是否有整理過的痕跡，評估環境是否夠溫暖，觀察幼兔腹部是否飽滿，若幼兔皮膚多皺摺、腹部不飽滿、活動力差、體溫低，那就有可能遭母兔棄養，只有真正遭到母兔棄養的幼兔需要人工哺乳，否則還可以試試看強迫將母兔腹部翻起（動作必須輕柔小心），撥開乳頭附近的毛髮，將幼兔放到乳頭周圍，讓幼兔自行去吸吮母乳，如果母兔非常抗拒，或幼兔吸吮意願不高，那就必須改成人工哺餵。

　　人工哺乳最重要的就是保持幼兔溫暖，保溫於27～30℃以上。若是一日齡幼兔必須保溫到32～35℃才能增加存活的機率。

　　再來就是代奶的選用，最好選用商品化的兔用代奶，若找不到兔用代奶，那麼一般貓用代奶也是可以的。在泡好的代奶中可再加入益生菌，若有寵物用綜合維生素也可依照劑量添加。

　　哺餵的工具也很重要，可以使用1c.c.的針筒來餵食；如果幼兔吞嚥能力不佳，可以考慮使用小型動物專用代奶瓶，其中最小的奶嘴頭也可以用來哺餵幼兔。但如果幼兔幾乎完全不吸吮吞食，在短時間內就可能會因低血糖、脫水而死。

◆ 人工輔助哺乳

雖然說自然狀態下母兔一天只餵奶1～2次，但是由於代奶的養分較母乳營養不足，所以人工哺乳必須一天至少3～5次，而且必須監控幼兔體重（每日至少增加5～10g），若是體重增加不足，必須增加哺乳次數。

人工餵食奶量參考值如下

1日齡	每日 2 c.c.
5日齡	每日12 c.c.
10日齡	每日12 c.c.
15日齡	每日22 c.c.
20日齡	每日27 c.c.
25日齡	每日30 c.c.
30日齡	每日20 c.c.

35日齡以上可考慮離乳

一般來說，1～7日齡的幼兔若在人工方式餵養下，存活率很低。幼兔在15日齡後會開始學習進食少量固體食物，這個時候如果出現很嚴重的厭奶行為，也可以考慮給予苜蓿草葉、青菜葉、配合少許磨碎飼料來餵食，如果可以大量自行採食固體食物，並且體重增加達到每日7～10g，就可以提前斷奶。

常見母兔生殖系統疾病

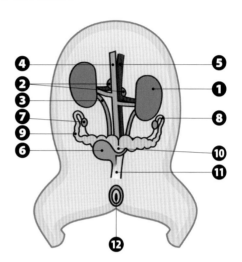

母兔卵巢疾病較不常見，偶而有少數病例因巴士德桿菌感染造成卵巢膿瘍，中老年母兔偶有卵巢囊腫與卵巢腫瘤。

01 腎臟	07 卵巢
02 腎上腺	08 輸卵管
03 輸尿管	09 子宮角
04 下腔大靜脈	10 子宮頸
05 腹腔大動脈	11 膣／陰道
06 膀胱	12 外陰部

母兔的泌尿系統與生殖系統

子宮疾病

子宮疾病是母兔最常發生的生殖系統問題，常見子宮惡性腺瘤、子宮內膜增生、子宮蓄膿、子宮感染。

根據國際獸醫學報告（2002年與2004年的病例報告）統計顯示，約有50%～80%未結紮的母兔（包括各種品種）在3歲齡以

◆ 子宮內膜炎

上發現子宮惡性腺瘤，在所有子宮病變中是第二常見的。子宮惡性腺瘤是惡性腫瘤，發生原因多半為老化與遺傳。這個疾病不但會影響生育能力、引起內分泌疾病，最可怕的就是會轉移到其他臟器（如肺臟），造成嚴重症狀，加速死亡。

臨床症狀

　　一般來説初期並不會出現症狀，活動力精神與飲食各方面表現正常。中期可能會影響生育能力，造成不孕、流產、死產、幼兔數不足等。當腫瘤繼續發展惡化，病兔可能會出現精神不濟、食慾不振、持續且大量血尿，併發嚴重失血、貧血，也可能會因失血過多昏迷猝死。有時乳腺會過度增生，出現乳腺囊腫等症狀。末期會因為腫瘤轉移腹腔臟器，如腸系膜、肝臟而使病兔嚴重消瘦、拒食、腹部膨大、腸阻塞等。若是經循環轉移至胸腔、肺臟甚至到腦部時，病兔會嚴重呼吸困難、呼吸衰竭、出現神經症狀、最後昏迷休克而死亡。

　　臨床檢查可以發現腹部有硬實團塊、尿中有潛血、驗血發現嚴重貧血等等，放射線學檢查（X光）與超音波檢查，也可以發現腹腔與胸腔異常團塊。

治療方式

　　若是已經出現症狀，那就必須對症給予支持療法，等到病兔穩定後盡快進行子宮卵巢摘除手術。嚴重出血者，必須經由血液學檢查，評估失血量給予輸血，並且進行子宮卵巢摘除手術。但是如果子宮已經出現腫瘤病變，即便經由手術完全摘除，病兔還是有可能在數年內出現腫瘤轉移。進行手術前，除了血液檢查外，放射線檢查也是必要的。如果檢查發現已經出現腹腔與胸腔轉移，那手術可能於事無補，如果轉移嚴重，可能要考慮安寧療法（止痛、給氧氣、灌食等等）或是安樂死以減輕病兔痛苦。一般來説化療藥物並不列入考慮，因為藥物對兔子可能造成的傷害會比治療效果大。

　　這個疾病最好的治療方式就是預防，母兔滿5月齡到2歲之前，進行子宮卵巢摘除手術，就可以預防這個疾病發生。

子宮內膜增生

子宮內膜增生的原因懷疑跟老化與遺傳有關，在所有子宮病變中比例最高，平均發生年齡約為4歲以上。症狀有間歇性血尿、精神不濟、食慾不振、活動力差、黏膜蒼白貧血等等。病兔可能表現正常，在觸診時摸到腹腔有硬實不規則的團塊，放射線學與超音波檢查也可能發現異常，有時候在絕育手術時經獸醫師發現子宮的異常，也是必須經由病理切片來診斷。

治療方式

最好的治療方法就是絕育手術（子宮卵巢摘除術）。

子宮積液（較不常見）

子宮積液即為子宮內累積過多的組織滲出液，造成子宮持續性的膨大。這個疾病常見的發病年齡平均為4歲。發生初期並不會有症狀，有時在一般健檢時由獸醫師觸診到膨大的子宮而發現，嚴重時會因為壓迫而出現呼吸急促、呼吸困難、食慾不振、體重減輕等症狀，若沒有及時發現摘除，也可能會引發腸胃蠕動停滯、循環障礙、甚至子宮破裂導致腹膜炎等等致死的症狀。

治療方式

定期健康檢查，超音波與放射線檢查都可幫助及早發現疾病。一旦發現異常要及早治療。子宮卵巢摘除手術可以有效的預防與治療此疾病。

🐰 乳腺炎、乳腺囊腫、乳腺腫瘤

　　乳腺腫瘤以及囊性乳腺炎在母兔很常見，幾乎所有品種的兔子都會發生。主要原因與老化、卵巢疾病、子宮腫瘤有關，受到荷爾蒙刺激而引起。病兔會在乳腺位置上有不規則團塊突起，單一或成對出現，甚至會每一對乳腺都會出現團塊與泌乳現象，除會有白色正常乳汁外，還可能出現透明液體。乳腺腫瘤多半為腺體上皮細胞惡性腫瘤，復發率高，轉移性強，腹腔內臟轉移、淋巴結轉移、肺臟轉移、甚至轉移到骨髓都有病例，容易造成惡病質，死亡率高。囊性乳腺腫成因與乳腺腫瘤類似，多半是受荷爾蒙刺激所致，可以透過子宮卵巢摘除手術間接治療，症狀多半在術後3～4週消退。

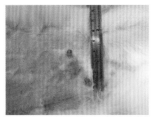

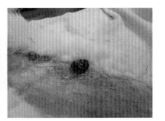

◆ 乳腺腫瘤

治療方式

　　乳腺腫瘤建議以外科進行全乳腺或是部分乳腺摘除，配合子宮卵巢摘除，但是術前必須評估轉移狀況，若是多處轉移，而且肺臟已經受侵犯，只能建議安寧療法，甚至安樂死。抗腫瘤藥物不建議使用。囊性乳腺腫則建議進行子宮卵巢摘除術，術後定期監控乳腺狀況。

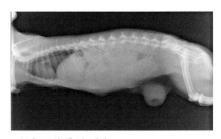

◆ X光下的乳腺腫瘤

難產

一般來說，難產是比較少發生的，因為兔子屬於一胎多仔的懷孕方式，所以相對胎兒體積較小，較能夠順利通過產道。

兔子容易造成難產的原因有：

- 第一次生產且年紀過小（5個月內）。
- 年紀太大（3歲以上）子宮可能有病變。
- 母兔過度肥胖或營養不良。
- 產房處於緊迫環境，如：吵雜或是常被打擾。
- 胎兒數少於2隻或是與體型較大的公兔交配造成胎兒過大。
- 骨盆疾病或產道狹窄。
- 乳腺疾病。

臨床症狀

- 超過預產期未分娩，大於33天就有危險。
- 外陰部出血但遲遲未見胎兒產出。
- 母兔產完虛弱、腹部仍膨大、外陰流出深褐色或深綠色液體等。
- 順產應該於2～3小時內完成分娩，如果超過時間而且母兔坐立難安、焦躁、腹部持續用力一段時間就應立即送醫。

獸醫師臨床檢查必須以母兔症狀、病史以及配合超音波檢查、放射線學來診斷。

治療方式

當母兔活動力與精神良好，而且沒有持續性出血時，可以考慮使用催產素針劑來幫助催生，並且配合鈣劑注射。但若是母兔已經持續腹部用力數小時，並且表現出弓背症狀，活動力漸差，或是有持續性出血時，就必須要進行剖腹產手術，並且在術前以支持療法與止痛治療方式

來維持母兔生理狀態。如果死產或是子宮受損、子宮內膜炎時，必須在剖腹產後後一併進行子宮卵巢摘除術，母兔在手術後可能會乳量不足，甚至拒絕哺乳，所以術後可能需要人工輔助哺乳，但是初生幼兔以人工方式哺餵的存活率並不高。

最根本的預防方式是進行絕育手術，避免幼年（5月齡以下）懷孕生產，不與體型過大的公兔交配，也要避免肥胖或營養不良的母兔進行配種生產。最後建議要提供懷孕母兔一個安靜無打擾的待產環境。

🐰 妊娠毒血症

通常發生在懷孕後期，大多於最後一週發病，症狀會沒有預警的突然出現，而且一旦發病都是嚴重的急症。

這個疾病與代謝異常有關，目前確實原因並不明，但是一般發生在較肥胖的母兔，另外，懷孕時期熱量攝取過多也容易發生毒血症狀。

其他原因如個體間緊迫（懷孕期與其他兔子同籠飼養）、人為干擾、噪音、環境突然轉換等等，也都可能引發此病。

臨床症狀

突然拒食、體重下降、精神差、流產、虛弱無力、運動共濟失調、嚴重者甚至會突發昏迷症狀，這些症狀可能會維持1～5天，嚴重發病者可能會突然死亡。發病個體也可能會呼吸困難、缺氧、抬頭張口呼吸、嘴唇黏膜發紫、酮症等。臨床檢驗上也會發現尿液由原來的鹼性變成酸性，而且清澈透明，較具有黏性，其他檢驗會發現酸尿症、蛋白尿症、酮尿症、酮血症、酸血症、高血磷、高血鉀、低血鈣。病兔也會因為拒食而造成肝臟傷害，血清生化學會發現肝指數（AST、ALT）上升。

治療方式

　　此病並沒有特別藥物可以治療，獸醫師多半只能給予支持療法矯正血中酸鹼值與離子的失衡。給予靜脈點滴輸液，若個體緊迫者可先給予下輸液，肌肉注射鈣劑補充鈣離子；給予強效止痛劑，減少疼痛緊迫；還有吞嚥能力者可以強迫灌食；出現缺氧現象的可以給氧氣治療方式等等，但一般來說發病後胎兒與母體的死亡率都相當高，所以最好的治療方式就是預防。

　　早期安排結紮絕育手術；隔離公母兔避免懷孕；減少懷孕母兔的緊迫，給予安靜無干擾的環境待產；避免讓肥胖母兔懷孕生產；飲食控制，勿造成懷孕母兔肥胖，減少醣類攝取；飲食中不可缺乏鈣質與各種維生素，建議定量補充新鮮蔬果。

假懷孕

　　嚴重發情的母兔，在沒有交配受孕的情況下，也是有可能會出現拔毛、造窩、乳腺腫脹、泌乳等懷孕症狀，這些行為是受到賀爾蒙所影響的「假懷孕」症狀。有時候如果交配但沒受孕，母兔也可能會有假懷孕現象。

　　一般來説假懷孕症狀會在14天～17天自然消退，也不容易引起生理上的傷害，但是少數可能會引發子宮積液或是子宮蓄膿，也有因吞食過多毛髮造成毛球症的案例。雖然可以使用荷爾蒙抑制劑來治療方式假懷孕，但一般還是不建議給藥。在性成熟後進行絕育手術可以預防假懷孕發生。

子宮卵巢摘除手術（母兔結紮手術）

　　結紮手術是母兔的例行性手術，但其實這是大手術，因為需要深度的全身麻醉，而且手術必須打開腹腔，相關的組織傷害與出血風險也不少，所以除了麻醉方面的問題外，出血、腹腔感染、腸道與泌尿系統組織傷害、以及術後恢復狀況等等，是個必須慎重的手術。

　　手術麻醉會使用合併藥物的平衡麻醉法，術前的導入用注射鎮靜藥物包括鎮靜劑、嗎啡類止痛、解離型麻醉藥，配合靜脈留置針與術中點滴，並且以短效靜脈注射用麻醉藥來操作氣管內插管，利用自動換氣裝置以及氣體麻醉劑維持術中的麻醉與呼吸。

　　為了讓兔寶能縮短恢復時間，並且減少感染與疼痛，建議盡可能的縮小手術創口（正常絕育約1公分～2.5公分傷口）：以可吸收縫線皮內方式縫合，縫線藏於皮膚底下不外露，減少兔兔舔咬傷口的慾望。有些醫師也會選用替代縫合的組織黏著膠來黏著創口。術前評估兔寶水合狀況，提供術中靜脈輸液的必要性，靜脈點滴除了可以穩定血壓外，還可以提供術中緊急的給藥需求。

　　使用氣體麻醉可以在術後較快速甦醒，術前的注射用麻醉藥物也會在必要時與手術完成時給予解藥，所以整體恢復甦醒速度快速。

　　手術傷口小，兔寶較不易感覺疼痛，所以術後恢復較良好，大多數的結紮術後母兔，可以在1～3天左右恢復活動與食慾。

　　兔子天生有啃咬東西的習性，如果縫線暴露在皮膚外，一旦被啃咬，就可能會造成傷口裂開而造成併發症，建議可以佩戴頭套或是就採取不露出縫線或組織膠黏著的方式縫合傷口。

　　結紮手術可以有效預防的疾病有：子宮惡性腺瘤、子宮積液、子宮內膜炎、子宮惡性肌瘤、卵巢囊腫、卵巢腫瘤、乳腺腫瘤、假懷孕症等等，更有統計顯示可以有效延長壽命，所以還是建議性成熟母兔接受結紮手術。

常見公兔生殖系統疾病

01 腎臟　　06 膀胱
02 腎上腺　07 輸精管
03 輸尿管　08 睪丸
04 下腔大靜脈　09 陰莖
05 腹腔大動脈

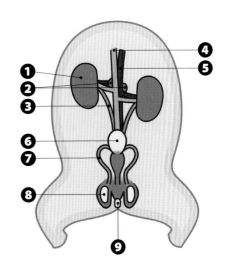

公兔的泌尿系統與生殖系統

睪丸腫瘤與睪丸炎

　　睪丸腫瘤並不常見，多半跟老化有關，年紀越大發生的機率越高。

　　睪丸出現腫塊，或是整個睪丸變硬變大，一般發生於單側，而另一側則是萎縮變小。交配受孕率降低、體重減輕、排尿習慣改變等等，都是可能的症狀。而睪丸炎的發生原因不同但症狀類

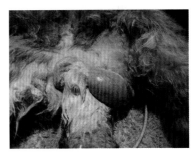

◆ 睪丸腫瘤

似，只是睪丸炎會表現疼痛，病兔明顯不舒服，甚至會拒食、精神不濟等等。睪丸炎外觀與睪丸腫瘤類似，多為睪丸腫脹變硬。睪丸炎的病因與細菌感染有關，有時也可能經由交配或外傷造成。

治療方式

公兔5個月齡性成熟後進行絕育手術（睪丸摘除），可以有效預防腫瘤以及感染，如果已經發現腫瘤，最好還是評估是否有轉移，轉移還未發生之前，手術摘除的預後恢復良好，而睪丸炎以手術摘除配合抗生素治療，效果也都相當好。

陰莖外傷

陰莖外傷原因多與發情行為有關。發情公兔會出現騎乘動作，不論是對公兔或母兔，騎乘姿勢有時不適當，導致陰莖正對著被騎乘者的頭部，因而遭咬傷。這樣的外傷雖然一般會自癒，但是有些嚴重案例會導致排尿困難、尿道炎。發情的騎乘行為除了針對兔子外，有時會對著主人的手腳、絨布玩偶、枕頭等等，這樣也可能因為過度摩擦而導致外傷。

◆ 過度摩擦

治療方式

公兔5個月齡性成熟後進行絕育手術，可以避免騎乘行為，有效預防因發情所導致的陰莖外傷。足夠的活動空間與充分運動量，也可以幫助消耗體力，減緩發情症狀。給予發情公兔的玩偶，建議質地要柔和，不要過度粗糙，可以選用嬰兒專用布偶，預防摩擦所造成的外傷。

隱睪症

睪丸一般在公兔12週大的時候就會下降到陰囊中，雖然有個體之間的差異，但平均還是都會在4～5個月齡前完成。睪丸很容易因為公兔緊張受驚嚇而由提睪肌收縮回到鼠蹊部，也因為每次抱起來檢查時都會造成兔子緊張，所以有時候會因此而被誤判。若是5個月齡後，單側或雙側睪丸沒有進入陰囊，那就可以診斷是隱睪症。隱睪症可能會造成睪丸在腹腔內發展成腫瘤，所以確診後還是要盡早安排開腹手術取出睪丸（雙側都必須切除）。但臨床上也曾經發現有單側睪丸不發育而手術找不到睪丸的病例。

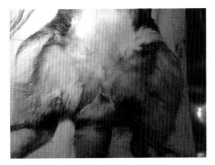

◆ 隱睪症，外觀只看到一顆睪丸

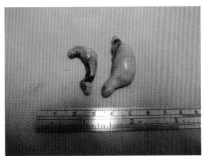

◆ 隱睪症取出的睪丸

治療方式

確診為隱睪症後，安排開腹手術摘除雙側睪丸，正常落入陰囊的睪丸也可以推回腹腔一併摘除。腹腔內的睪丸一般來說發育較差，僅有正常的1/2大小。

流產與死產重吸收

　　母兔懷孕時，胎兒在妊娠21日前死亡通常會被母體再吸收，而超過21天以上的死胎會被排出體外，此時稱為流產。

　　兔科動物死胎重新被吸收並不一定是疾病，野生的母兔可以因此重新獲得再次生產的養份而得以繁衍後代。人工飼養的家兔有時候也會發生類似狀況，但是飼主大多不會發現，因為懷孕母兔的症狀和發情與假懷孕是很難區分的。

　　流產與死產重吸收的原因有很多，像是環境緊迫，例如：過熱過冷、吵雜、籠舍狹小、骯髒等；營養上的失衡，例如：維生素A、維生素E、蛋白質等養份不足；還有同伴的緊迫、公兔求偶與交配、爭奪領域打鬥、飼主的過度抓抱與觀察等等；而感染性的病原如泡疹病毒（Herpesvirus）、李斯特菌（Listeria species）也會導致流死產。

　　預防上建議定期帶至獸醫院健康檢查，飼養環境以安靜舒適為佳，公兔與母兔分開飼養，並盡快安排絕育手術，任何階段飲食都必須注重營養均衡。

10

泌尿系統疾病

兔子正常尿液的特徵

- 外觀呈現透明無色、黃色、乳白色、紅棕色等。可以是清澈或混濁懸浮的液體。
- 味道不重,有淡淡的氨味,在發情時會有特殊腺體氣味。
- 大型兔尿量每天每公斤約20c.c.～350c.c.;小型兔尿量每天每公斤50c.c.～130c.c.。

紅色尿

正常兔有時會有紅棕色尿液,往往被誤認為是血尿,尿液會呈現紅棕色是因為兔子會將紫質素(Porphyrins,一種色素)排入尿液之中,使尿液呈現紅棕色。這與血尿不同,可以經由尿液試條紙來分辨,尿液中會有紫質素可能與緊迫有關。兔子的尿液也會因為攝取過多的胡蘿蔔素或是其他色素來源而導致變色

◆ 排尿不順也可能是生病的徵兆

(橘色或棕色),攝食過多堅果如橡實也會造成紅色尿,當然如果兔子攝取的水份不足或是脫水甚至有腎臟疾病,也會造成尿液過度濃縮,而導致顏色變深的現象。

血尿

　　尿液中帶有一定濃度的血球或是血紅素稱之血尿（hematuria）。這是很多疾病的徵兆，必須與紅色素尿做區別，最好的方法是收集新鮮排出的尿液，帶至獸醫院或是醫事檢驗所做尿液分析。

　　血尿外觀上可能與一般尿液一樣呈現淡黃色，也可能看到一抹淺淺的血色混雜在尿液中，會稍稍帶有血腥味。血尿一般來說較為黏稠，沾在毛巾或是衛生紙上判斷會比較明顯，但是要記住，送檢驗的尿液不可沾在衛生紙或毛巾上，必須用乾淨容器或是針筒保存起來。

　　可能造成血尿的原因有：膀胱炎、膀胱結石、腎盂腎炎等等。未結紮母兔發生血尿大多與生殖系統的疾病有關，例如：子宮惡性腺瘤、子宮內膜炎、子宮肌瘤、子宮蓄膿等等，母兔的子宮內出血因為構造的關係會與尿液混合後排出，雖然說是血尿，但是常常嚴重到排出鮮血，幾乎看不出來是尿液了。泌尿道疾病相關的血尿，血液會非常均勻的分布於尿液當中，甚至被稀釋而看不出來，有時候只能靠尿液分析來判讀；若是與生殖系統相關的血尿，血樣分泌物會在排尿最後排出，會是一整攤鮮血或是血塊，並且可能與尿液分開

膀胱炎

　　膀胱炎必須要與膀胱結石做區別診斷，可藉由Ｘ光及超音波檢查及判定。直接採樣尿檢（導尿或穿刺）也可用來診斷膀胱炎，若懷疑細菌感染，也可將乾淨樣本做細菌培養。膀胱觸診必須要小心，因為太用力的擠壓可能會造成膀胱受損。

臨床症狀

血尿、無尿、滴（漏）尿、頻尿、排尿困難及疼痛，鼠蹊部及尿道口汙穢骯髒沾有尿漬。

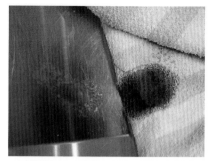

◆ 膀胱炎造成血尿

治療方式

- 抗生素療法（細菌培養以及抗生素敏感試驗）建議持續2～4週。
- 鼓勵病兔多飲水或是提供大量蔬菜。
- 維生素C可幫助膀胱的黏膜修復。
- 蔓越莓製品及萃取物可預防膀胱炎復發，阻止細菌附著於膀胱壁。

尿沙（尿泥）

因為兔子的尿液是鹼性的，所以許多的結晶如：三聯磷酸鹽或碳酸鈣容易析出而導致兔子尿液呈現混濁樣。如果懸浮物過多，可能會使尿液變成泥狀，甚至引發膀胱結石及排尿困難。

高蛋白以及高鈣質飲食容易造成尿沙的產生。兔子血漿中的鈣質濃度比其他動物高出許多，所以這些過多鈣質必須經由尿液排出。檸檬酸鉀證實可以減少血鈣與尿鈣，預防尿沙與結石的產生。

臨床症狀

　　頻尿、排尿困難、尿道口沾有尿泥，也會有食慾減退、精神不佳、沉鬱、疼痛等症狀。

治療方式

　　尿沙可以經由低蛋白質、低鈣質飲食調整而改善，鼓勵肥胖的兔子多運動，預防尿沙沉積。被動式的運動（律動機）或高速振動也對於尿沙排除有幫助。部分病例可藉由飲食調整而完全改善，但是若有膀胱炎感染者必須以抗生素治療。嚴重尿沙沉積，可藉由麻醉導尿的方式沖洗膀胱將尿沙排出，若有導尿困難者，

◆ 尿沙

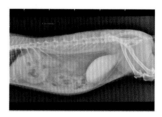

◆ X光下的尿沙

術前超音波檢查確定膀胱結構有無異狀，如腫瘤或偽膜增生，這就要經由膀胱切開術移除病源，沖洗膀胱。。

　　X光檢查是診斷尿沙的必要工具，配合血液檢查與尿液檢查，可確定泌尿系統的問題。泌尿系統超音波檢查是針對此問題的最佳診斷方式，因為尿沙的產生有些與膀胱結構異常有關，例如偽膜增生、腫瘤、膀胱壁慢性發炎增生等等，這些在X光影像上不一定看得到。

　　治療方式除了飲食調整外（低鈣、低熱量、低蛋白質等等），增加水分攝取是很重要的，用水碗或喝水神器鼓勵喝水、活動區塊多放幾個飲水設施、青菜用過濾水洗過直接濕濕的餵食等。口服檸檬酸鉀也可以減少尿沙與尿鈣的產生。

　　肥胖的兔兔減重，鼓勵多運動等都有助尿沙排出，被動式運動例如使用垂直律動機也都有幫助。侵入性的治療可導尿灌洗膀胱，但若是無法灌洗改善的會建議外科手術處理。

膀胱結石症

人工飼養的兔子膀胱結石的比例算是很高的，主要原因大多與飲食習慣有關，而結石的分析結果大多為草酸鈣鹽類結石或碳酸鈣鹽類結石。

膀胱結石可能是單一顆或是數顆結石一起發生。飼主描述症狀以及尿液檢驗可以判斷是否有膀胱炎的發生，經由觸診大部分可以觸摸到明顯的膀胱結石。放射線檢查可以非常清楚的檢查出結石大小以及數量。

◆ 結石會造成疼痛

臨床症狀

排尿用力、排尿困難、滴尿、漏尿、胯下毛髮潮濕沾尿、血尿，排尿疼痛時也會有磨牙的動作出現；排尿困難時，常常會屁股抬起呈現用力姿態，排尿習慣也會改變（到處亂尿）。嚴重的病兔會呼吸急促、緊張不安甚至虛弱無食慾，如果尿路遭到結石阻塞而無法排尿，會引起尿毒症而死亡。

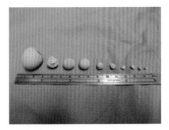

◆ 大小不同的結石

如果結石的發生伴隨著腎臟疾病（腎衰竭、腎結石、水腎），或者結石已經造成尿路阻塞影響排尿，經由血清生化學檢查，可以看到BUN（血中尿素氮）或者Creatine（肌酸酐）上升。

◆ 病兔膀胱取出的結石

治療方式

一般來說，膀胱結石會被診斷出來，大多是因為體積較大，並且已經對病兔造成影響，所以需要積極的治療手段才能提高治癒率。

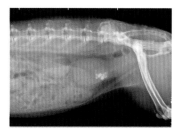

◆ X光下的膀胱結石

外科手術移除膀胱結石是最常見的方式，但是如果結石卡在膀胱開口或是尿道中，術前埋設導尿管並且將結石推回膀胱會是比較好的方式。膀胱結石一般會伴隨膀胱炎發生，結石一旦移除，就必須給予膀胱炎治療藥物。如果病兔有脫水症狀或是腎臟受損時，給予靜脈輸液或是皮下點滴是必要的。取出的膀胱結石必須送檢分析以了解結石種類，並且由飲食控制加以預防。

寵物兔的健康專欄

用飲食預防膀胱結石以及尿沙

- 無限量提供品質較好的牧草，但苜蓿草及苜蓿草類製品因為鈣質含量過高，在成兔不建議提供。
- 人工的乾燥食物以及飼料要限制，因為大多為高蛋白、高碳水化合物飲食，而且飼料之中所添加的碳酸鈣若攝取過多，也會引起結石。
- 點心類因為富含糖份以及碳水化合物，所以最好以少量新鮮水果代替。
- 蔬菜類要循序漸進的加入兔子飲食當中，每公斤體重每天至多可攝取50～100g的新鮮蔬菜。
- 額外的礦物質補充可能會造成兔子尿路負擔。

腎功能障礙與腎衰竭

　　腎臟是身體的主要過濾器官，全身的血液循環流經腎臟，將不要的代謝產物排出體外，回收可再利用的養分，調節身體水份、平衡血壓，控制各離子的平衡，輔助骨髓製造紅血球等等，都是腎臟的功能。若是腎臟的過濾功能出了問題，導致含氮廢物無法順利排除，或是離子的調節失衡，身體水份的調節無法正常運作，這就是腎功能障礙，而嚴重者會導致腎衰竭。

　　腎衰竭分成急性與慢性。突發性的嚴重腎功能障礙，短時間內急遽惡化，腎指數急增，稱為急性腎衰竭；若是病層發展較慢，腎臟的功能漸漸變差，雖然腎指數的變化幅度較小，但仍出現持續性的功能惡化，這稱之為慢性腎衰竭。

急性腎衰竭

　　兔子發生急性腎衰竭的可能病因有很多，例如誤食腎毒性物質或是藥物副作用引起的中毒；腎結石堵塞輸尿管，膀胱結石堵塞尿道開口，造成急性尿毒症；中暑、熱衰竭所引起的嚴重循環障礙，會使腎臟血流不足而引發腎衰竭；心臟病、肝臟疾病引起的循環障礙，膀胱炎引起的血塊堵塞尿路都可能會引發急性腎衰竭。

臨床症狀

　　急性腎衰竭的症狀沒有太大的特異性與徵兆，而且都是突然發生的，例如突然精神變差、食慾不振、排尿困難、拒絕飲水、血尿、少尿甚至無尿、呼吸急促喘息、嚴重流口水、口腔有氨味等等。

治療方式

經由血清生化學檢查，放射線學檢查（X光），超音波檢查等，確診腎衰竭症狀，找到可能的原因，對症治療，像是中毒引起必須找到可能毒素來源，試著中和或緩解毒素；結石堵塞尿路，就必須先以外科移除結石等等。

治療目標就是爭取時間，因為急性腎衰竭可能很快就造成兔子死亡。盡可能先將腎指數控制下來，促進排尿，如果急性腎衰竭症狀緩解後，病層可能會發展為慢性腎衰竭，這樣存活機率會相對較高。如果急性腎衰竭對治療方式無反應，甚至末期引起無尿症，這時建議給予強效止痛劑，甚至考慮安樂死以減輕病兔痛苦。

慢性腎衰竭

所有腎臟疾病都可能引發慢性腎衰竭，在寵物兔最常見的就是 *E.cuniculi* 蟲體感染後在腎臟增殖，並且經由尿液排出傳染，破壞兔子的脊髓神經、平衡系統、肝臟、泌尿系統等，造成感染細胞的大量破裂，這樣的傷害會引發炎症反應而形成大量肉芽腫，造成腎臟肉芽腫性間質性腎炎（慢性發炎所造成的一種腎炎），由於感染初期並不會有明顯症狀，所以一旦表現出症狀時，腎臟大多已經受到了不可逆的傷害而引起慢性腎衰竭。

另外還有高血鈣造成的腎鈣化以及腎結石，由於兔子的鈣質代謝完全依賴腎臟，所以過高的血鈣濃度會造成腎臟負擔過大而引起腎鈣化與腎結石。造成高血鈣的原因有很多，大部分都是因為代謝性疾病所引起，例如營養性高副甲狀腺症、淋巴瘤或胸腺瘤引起的併發症、維生素D過多症等等。

腎臟受損、慢性腎炎、慢性腎病、慢性腎衰竭等疾病，都會引發腎臟的轉移性鈣化而造成腎結石，腎結石又可能會堵塞住尿路、壓迫周邊腎臟組織而造成更嚴重的急性與慢性腎衰竭，所以腎鈣化與腎結石並不全然是腎衰竭的病因，也是腎衰竭所造成的疾病惡性循環。

其他引發慢性腎衰竭的原因有細菌感染造成的腎炎或膀胱炎；鈣質、維生素D、蛋白質等攝取過多造成的腎負擔；長期使用腎毒性藥物；長期飲水不足或是居住高熱環境引起脫水；單純老化、機能衰退等等。

在兔子，慢性腎衰竭是個很常見的疾病，除了病原感染所造成的傷害之外，老化以及飲食習慣也是重要的病因，高齡兔罹患此疾病的機率隨著身體機能老化而逐漸上升。

臨床症狀

頻渴多尿、血尿、精神較差、體重減輕、食慾變差、貧血、胯下毛髮沾滿尿液、流口水、口腔有尿味等等。

治療方式

慢性腎衰竭的治療目標是要增加腎臟灌流量，避免腎負擔物質攝取，減少病兔緊迫等等。靜脈點滴或是皮下點滴，可以增加身體水分吸收；感染必須要長期使用抗生素治療；貧血的病兔建議施打紅血球生成素，監控血容比；飲食中減少鈣質攝取，並且給予豐富水分來源，每日提供新鮮蔬果，居住環境增加飲水來源等等。

建議還是要給予良好的飼養環境，充足的飲水，成年兔減少高鈣飲食，並且每年到獸醫院健康檢查，監控腎功能狀態，在家要每天觀察飲水排尿習慣，如果有異狀最好趕緊就醫，預防重於治療才是上策。

其他泌尿疾病

腎囊腫

　　腎囊腫在兔子屬於先天性結構發育不良，腎臟結構上出現許多小顆的囊狀夠造，這一般不會造成腎功能的影響，所以在尿檢與血檢上不會發現腎功能障礙，而臨床上也不一定會有症狀，大多是因為例行性影像學檢查（如超音波）或是剖檢時發現。

多囊腎

　　多囊腎症候群（PKS）在兔子也是和遺傳有關，結構上因為過多的囊體影響腎臟功能，腎臟的絲球體與腎小管構造受到影響，所以可能會造成腎功能障礙。高血鈣症、高肌酸肝血症、動脈血管因礦物質而硬化，甚至肝臟功能也會受損，這是無法治療的疾病，也常常造成病兔死亡，但是一般很少見。

失禁與排尿困難

　　小便失禁與排尿困難在兔子的發生主要與脊椎神經受損、兔腦炎微孢子蟲症引起神經疾病有關。因為調控排尿動作的神經受到傷害，引起尿意偵測異常與迫尿肌控失衡。若是排尿困難者，一般雖然會以人工擠尿方式來排除，但長期下來會造成膀胱受損與腎臟負擔，預後不良。而失禁會引起嚴重的胯下皮膚炎與尿灼傷，甚至有時候連糞便一起凝聚成糞餅沾黏在胯下，造成嚴重的皮膚炎甚至蠅蛆感染，所以定期護理、保持乾燥、使用不回滲尿布墊或是簍空底盤可以控制病情。

行為問題與精神狀態會影響兔子喝水與排尿量？

兔子一般飲水量約為每天每公斤體重100c.c.～150c.c.，若是天氣熱、活動量大、蔬果攝取較少的兔子也可能會攝取超過每天每公斤體重250c.c.，而正常排尿量大約是每公斤體重每天約100c.c.～130c.c.，如果水份攝取得多尿量也會正常增加。

但有些報告指出，環境的單調、生活無趣、缺乏同伴等等無聊現象會讓兔子飲水大量增加，當然排尿量也因此增加，甚至可以達到每天每公斤體重500c.c.飲水量，排尿也高達約每公斤體重500c.c.，觀察也指出，一但增加飼養環境的豐富性以及活動的多樣性可以改善這種情形，所以在無聊的驅使下兔子可能會大量喝水消磨時間。

另外像是發情中的公兔也可能因為賀爾蒙影響而減少或增加排尿，筆者的臨床經驗就有許多公兔發情時喝水量減少只剩下到正常的10%，這也可能會引起泌尿道疾病，但通常一經結紮就可以改善。

11

眼科常見疾病

兔子眼球以及視覺介紹

兔子的眼球位置在頭的左右對側完全相對的位置，這樣極端的眼球位置是為了讓他們可以幾乎看遍360˚的視野，身為自然界中的獵物，這點很重要。

除了身體下方與鼻子正前方以下還有尾巴後方看不到之外，其他環繞身體的區域都在視覺範圍內，而且看到的影像在腦中可以分成左眼視覺、右眼視覺、以及兩眼視覺作成象，所以如果想要從後方偷偷接近兔子，除了會被聽到聲音外，可能也會因為被看到而發現。

兔子的瞳孔跟我們人類一樣是圓形的（雖然少數兔子也有椎形的瞳孔），形成瞳孔的虹膜有著豐富的色彩，最常見的幾種顏色有棕色、淺藍色、紅色（缺

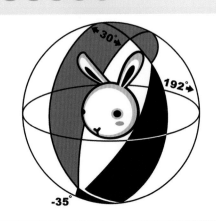

兔子的視野

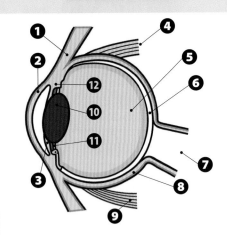

01	結膜	06	視網膜	11	睫狀肌與
02	角膜	07	視神經		懸韌帶
03	虹膜	08	脈絡膜	12	睫狀體
04	上直肌	09	下直肌		
05	玻璃體	10	水晶體		

兔子眼球解剖圖

乏色素的白兔）、淡酒紅色等等，最特別的是他們的虹膜顏色會「混色」，混色虹膜的意思是在同一隻眼睛的虹膜之中有著2種以上的顏色，外觀看起來像是大理石花紋一樣不均勻的配色，常讓飼主誤認為是疾病，但這現象在混種兔很常見。

　　兔子眼睛還有另一個特色，他們的瞳孔對於光線的收縮反應是不一致的，跟我們一致收縮的雙眼瞳孔完全不同，也就是說如果左眼受光，那當下只有左眼的瞳孔收縮，只有在緊張、休克、完全黑暗的情況下，兩眼的瞳孔會一致縮放。

結膜炎

　　結膜是指位於眼瞼內側眼球周圍的黏膜組織，圍繞著整個眼球，包括眼角與眼尾位置。任何異物侵入造成發炎，或是細菌等病源造成的感染，皆稱之為結膜炎。常見於鼻淚管阻塞，或是上顎骨牙根膿瘍造成眼淚積留而引發二次性細菌感染；呼吸道感染時細菌經由鼻淚管上行而感染結膜；牧草屑、灰塵、木屑等誤入眼睛而造成異物刺激；個體間打架、抓傷或咬傷也會造成眼瞼與結膜的傷害。排泄物太久沒整理，尿液與糞便中的氨，刺激呼吸道黏膜與眼結膜而引起發炎。松木屑當墊料也可能會有揮發性物質刺激眼睛，消毒環境所用的消毒水也可能造成結膜發炎。

　　另外，嚴重的斜頸症也會引起單側眼睛不斷摩擦地面，造成嚴重結膜炎。

臨床症狀

間斷性流淚或是持續流淚，眼淚初期可能呈現透明無色，若是嚴重感染會呈現白色甚至是黃綠色黏稠狀。眼頭的毛髮糾結潮濕，眼睛不睜開或半開，眼球周圍紅腫充血，有疼痛表現。

治療方式

結膜炎必須要先移除刺激來源才能痊癒。用生理食鹽水沖洗患部，將可能的外來異物移除，投予抗生素眼藥水或藥膏效果都不錯。但是如果不是眼結膜原發性的問題（例如鼻淚管疾病），即使用了藥物也可能會復發。所以先找出最可能的病因來對症治療，才能有效根治。預防方法保持環境整潔，避免可能的環境刺激源，隨時注意眼睛狀況，有問題請儘速就醫。

角膜炎

角膜是指眼球前方表面的透明薄層，光線進入眼球的最前線，就像是汽車擋風玻璃一般，只是它非常的脆弱。也因為角膜非常的脆弱，所以任何的異物傷害或是病源入侵都會造成角膜炎。

◆ 眼球破裂感染

角膜潰瘍是角膜炎最常見的病變，造成原因有個體間打架抓傷、牧草等異物扎傷、理毛時自己爪子不慎刮傷、睫毛內插等，這些角膜的外傷可能會引起深層的細菌感染，造成角膜不癒合，形成潰瘍。另外，因為手術麻醉所造成的眼球乾燥也會引起角膜發炎。其他疾病所引起的角膜炎也很常見，例如結膜增生、青光眼、乾眼症等等。甚至有時因為胸腔疾病造成呼吸困難，也會使眼球突出引起發炎。

治療方式

　　移除傷害來源，並且用抗生素眼藥水以及眼用凝膠等長期治療來有效控制。就像結膜炎一樣，必須找出真正的病因加以控制治療，否則復發率會很高。

兔腦炎微孢子蟲症誘發的葡萄膜炎

　　葡萄膜是眼球內層組織，共分三個部分，即為虹膜、睫狀體、以及脈絡膜（視網膜下面的血管組織），葡萄膜受到傷害或感染而發炎就稱為葡萄膜炎。兔腦炎微孢子蟲症所誘發的葡萄膜炎會經由血液循環或是神經系統移行至眼球內，造成虹膜的傷害。蟲體引發的炎症反應會在虹膜與睫狀體之間產生白色的免疫反應團塊，稱之免疫複合體，這往往也會傷害到水晶體造成白內障。受到感染的眼睛會出現低眼內壓的現象，視力也會因為白色團塊的遮蔽以及眼壓的影響而變差。

臨床症狀

　　初期眼球中央水晶體的區域內會出現白色小絲狀物或是白點，白色團塊漸漸變大，主要會附著在虹膜上（瞳孔周圍）。長出白色團塊的虹

膜會有血管增生現象。隨著病層發展，白色團塊會越變越大，最後長滿整個水晶體。後期可能會引發全眼炎（整個眼球血管增生，兔子表現眼睛疼痛）。

治療方式

不幸的是，診斷依據只能依賴有經驗的專科獸醫師以「視診」來判斷，因為即使做了血清檢查是陽性反應也不能代表眼球內的病變是寄生蟲造成。雖然有證據顯示，採樣受感染的水晶體做「免疫組織化學檢測」可以確診，但是這必須先將水晶體摘除，是非常侵入性的檢查。

如果就眼睛的病變來治療，最有效的方式還是消炎，可以緩解免疫複合體的產生，適當的使用局部類固醇藥物可以達到效果。積極的侵入性治療會建議將受感染的水晶體移除，發展成全眼炎的病例也會考慮全眼球摘除。

🐰 其他症狀類似的疾病

細菌性葡萄膜炎，這是由巴士德桿菌或金黃葡萄球菌所引起的眼球內感染，造成眼內膿瘍。初期在外觀上與E. cuniculi所引起的病變很類似，區別方式是細菌感染造成的眼內膿瘍，團塊外觀較大且散布整個眼球內，顏色呈現黃白色到黃色；相對 E. cuniculi感染只會引起局部的免疫

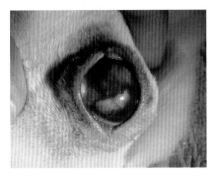

◆ 眼球內膿瘍

複合體，多集中在虹膜附近，而且顏色多為單純白色或是粉紅色。而且細菌性的葡萄膜炎隨時間發展快速，相對E. cuniculi發展較慢。

治療方式

建議給予口服或注射抗生素，配合局部抗生素使用，但是如果已經嚴重眼內積膿，還是建議全眼球摘除。

白內障有先天性與後天性之分，先天性白內障原因不明，確診也不是很容易，而後天性白內障又可分成因水晶體老化、蛋白質變性而生成，稱為老年性白內障；因糖尿病、外傷、眼內發炎或長期使用類固醇而引起；感染*E. cuniculi*也會引發水晶體的發炎形成免疫復合體而誘發白內障。

初期可能很難察覺，飼主通常無法讓兔子靜下來，更別說要仔細觀察眼睛，多半是在獸醫例行性健檢時檢查出來的，初期可能只是水晶體上有個小白點，或是水晶體比較不透明，隨著病層發展嚴重，整個水晶體霧化白化，甚至用光線照射眼睛，瞳孔反射也會變慢，病兔失去威嚇反射（物體到眼前不閃躲、不閉眼）。

臨床症狀

通常不會有不舒服的現象，最主要的症狀是視力減退，有時可能會容易跌倒或撞到東西，但是因為嗅覺與聽覺相當發達，表現上還是可能無異狀。老年性白內障會隨著年紀而逐漸惡化，好發年齡為5歲以上，也有報告顯示50%的白內障發生在8歲以上，症狀嚴

◆ 白內障

重者可能導致失明，但兔子即使失明，日常生活也可能不受影響。

治療方式

　　白內障初期有些藥物可減輕症狀或延緩惡化，但效果非常有限。白內障的根本治療方式必須經由外科，水晶體乳化，人工水晶體的植入等等，效果通常不錯。但是由於這類手術成本很高，成功率也因醫師的技術性而有不同，所以還是必須到眼科專科獸醫院，經由專業眼科獸醫師來評估手術必要性。臨床上的觀察發現，兔子即使得到白內障，不論治療方式與否，基本生活品質也可以維持良好。

　　避免紫外線過度曝晒，可延緩晶體老化；飲食中補充含抗氧化成分之深綠色及深黃色蔬菜水果，額外補充維生素A、C、E等也有幫助。保護眼睛避免碰撞或穿刺傷，非必要不任意使用含類固醇的眼藥水藥物，可預防繼發之白內障。

結膜增生

　　這是兔子的特殊疾病，眼結膜會以環狀方式增生，漸漸包住眼球，幾乎會完全包覆，留下一個圓形窗口剛好可以讓兔子有視覺，實際上的病因並不明，雖然說是疾病，卻很少造成兔子的不適。

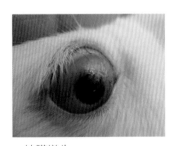

◆ 結膜增生

　　年輕兔子比較常見，品種上沒有任何特異性，不會發炎或是傷害眼球本身構造，有時候會有毛髮或異物卡在增生的結膜與眼球之間摩擦造成不舒服，偶爾會有角膜輕微受損情形，這片膜並不會黏在眼球表面，只是單純覆蓋在角膜表面，上面有血管供應血流。從開始發病一直到長成覆蓋住眼球的膜可能需要3～8週。

眼
科
常
見
疾
病

治療方式

以外科手術切開並將結膜縫合於眼瞼內，這樣有機會治癒此病症，但仍有一定復發可能性。

青光眼

青光眼是指眼內壓過高的疾病，可能會造成視網膜或是眼底神經等構造的傷害，造成視力減退、視野縮小、甚至失明。兔子的青光眼好發在年輕或中年，通常與遺傳有關。有時候創傷、水晶體脫位、嚴重葡萄膜炎等等疾病也可能誘發青光眼。

◆ 青光眼

臨床症狀

初期外觀並沒辦法看出來，必須使用眼壓計量測，才能診斷。嚴重時外觀可見兔子眼球體積明顯增大突出，角膜可能因為發炎造成的角膜水腫而呈現霧白色，鞏膜的位置會出現大量充血的血管，兔子表現出稍疼痛感，對光線沒有瞳孔的收縮反射。

治療方式

通常使用藥物可以控制，但不一定能完全控制病情發展。有些眼科獸醫師會埋置引流導管長期控制眼內壓，這也是一種選擇。但是由於這類的疾病可能為不可逆傷害，所以飼主對兔子的生活品質打理才是重點，必須改善環境，避免失明的兔子二次傷害。臨床經驗指出，即使嚴重青光眼的兔子，只要做好疼痛與炎症控制，仍然可以保有不錯的生活品質。

12

皮膚病與外傷感染

皮黴菌

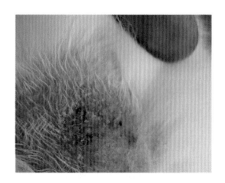

◆ 皮黴菌及二次細菌性皮膚炎

　　皮黴菌是寵物兔最常見的皮膚病，大部份寵物兔都曾經感染過。台灣地區因為海島型氣候，環境相對濕度高，所以黴菌的感染比例相當高。

　　皮黴菌屬於真菌病原感染，會感染表皮的真菌種類相當的多，約有40種以上。雖然說這是一個常見的疾病，但也有研究顯示，健康的寵物兔體表也有一定程度的黴菌存在，並不一定會發病。

臨床症狀

　　發病症狀為區塊性脫毛與皮屑，常發現在鼻頭、眼周、嘴邊、耳朵、四肢，嚴重的連身上都有許多區塊性的皮屑與脫毛。有時會併發二次性細菌感染，而造成皮膚膿包，感染部位潮紅、腫脹、疼痛。健康的寵物兔有時也會因為季節的交替，或是溫濕差異過大，出現耳翼皮膚有輕微皮屑現象，這雖然也是皮黴菌造成，但多半不致於構成影響，會自然痊癒。

　　一般感染的原因可能是環境潮濕，但最主要還是因為免疫力差，體表病原因此才有機可趁。不適當的飼養環境如吵雜、溫差大、衛生不良

等，都是重要的發病原因。幼兔感染機率最高，原因除了免疫力差之外，很多都是因為群居飼養而造成個體間的傳染。而老年兔與病弱兔也都容易感染皮黴菌。

治療方法

若是感染了皮黴菌必須盡快就醫，避免因為接觸而擴散。外用藥配合口服藥來治療，大部分可以在3～4週痊癒。

◆ 幼兔全身性黴菌感染

由於皮黴菌是少數的人畜共通感染疾病，所以要避免過度接觸發病區塊，勤洗手，可以有效預防。可用75%酒精或是一般消毒水（如稀釋漂白水或4級銨消毒水）來噴灑消毒，當然要避免消毒時直接接觸兔子。

保持良好的飼養環境，避免造成兔子過度緊迫，若是環境潮濕，可以多利用除濕機或是風扇，讓環境達到良好的換氣與濕度控制。定期更換墊料，清理便盆，整理草屑，保持環境衛生。給予均衡飲食，有助增強免疫系統，適度的戶外活動與運動也有益健康。

跳蚤與蜱蟲

一般來說，寵物兔並不常感染跳蚤與蜱蟲，因為在台灣寵物兔多半飼養於室內，接觸到的機會並不大。但是，因為台灣地處副熱帶，蚊蟲孳生快速，而室外的犬貓數量並不少，所以這類寄生蟲在季節交替時數量相當可觀，再加上跳蚤的高度活動力，以及蜱蟲的強韌生命力，使得

居住在低樓層的寵物兔以及常到戶外
散步的兔子就成了寄生目標。

◆ 蜱蟲寄生

臨床症狀

感染初期不太有明顯症狀，偶爾
會抓癢較嚴重，但是如果跳蚤在兔子
身上大量繁殖，搔癢以及皮膚紅腫就
會相當明顯。蜱蟲叮咬有時會造成組
織嚴重水腫。跳蚤感染部位不一定，通常在頭部，頸部以及背上，而蜱
蟲感染多半在耳殼上、眼睛附近與頭部等。

治療方式

建議使用對兔子安全性高的皮膚除蟲滴劑，或是毒性低的皮膚外用
噴劑，並且配合環境消毒。當然，如果家中有飼養其他哺乳類寵物也必
須一併除蟲治療。減少讓兔子接觸戶外不熟識的犬貓，外出散步前後使
用除蟲噴劑，定期讓獸醫師健檢驅蟲，在家勤梳毛等等，這些都是預防
的好方法。

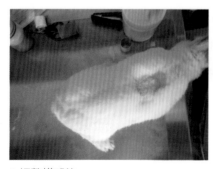

◆ 姬螯蟎感染

◆ 顯微鏡下的姬螯蟎

疥癬蟲感染

　　疥癬蟲是一種8隻腳的節肢動物，從脊椎動物到節肢動物都可能受到感染。雖然各種類間有物種的感染特異性，但是人類也會受到疥癬蟲的叮咬寄生，所以在公共衛生上與寵物的治療防治是很重要的。

　　這種疾病為單純的皮膚疾病，雖然感染病變可以很嚴重，甚至發展到二次性細菌感染，併發蜂窩性組織炎，但是這都是少數，只要正確治療，幾乎沒有致死的病例發生。

　　在兔子身上的疥癬蟲感染症基本上可略分為3類。

四肢鼻尖感染型

　　四肢鼻尖感染型的疥癬蟲為穿孔疥癬蟲。這種寄生蟲感染在台灣家兔身上很常見，任何年齡層的兔子都可能會感染，幼兔較常發病的原因可能與幼年群養有關，所以一旦發生感染，傳播速度較快，而且這個病變的位置在四肢皮膚上，所以只要踩過的地方留下皮屑就會傳染。

臨床症狀

　　四肢指甲基部少量脫毛長出皮屑，皮屑累積後指甲因受蟲體刺激而快速生長，變得長且易斷、尖卻彎曲變形。嚴重者皮屑變厚變硬而且容易脆化脫落，指甲抓過的地方可能會長出厚皮屑。常見於鼻尖，會長出像「犀牛角」一般的角質增生。所以飼主常常會跟獸醫師描述兔子長出「巫婆」的指甲還有「獨角獸」的角。寄生蟲鑽入皮膚後會造成嚴重的「搔癢感」，所以兔子會想甩腳掌或是咬腳指，甚至因疼痛感而不願行走。

◆ 疥癬蟲感染

治療方式

　　只要將皮屑刮下放置於玻片上，用KOH溶解皮屑，顯微鏡檢查就可看見蟲體或是蟲卵。

　　給予針劑或是滴劑除蟲藥物（非除蚤藥），每週一次，約3～5週可痊癒，如果合併細菌感染造成發炎腫脹，也可使用消炎藥物與抗生素來治療。

　　一般來說，這類疥癬蟲和皮黴菌合併感染機率很低，但是多會伴隨細菌感染。復發率很高，原因多半是環境消毒除蟲不夠確實，因為疥癬蟲只要透過脫落皮屑中的蟲卵就可傳染，如果兔子活動範圍內的死角區塊飼主沒有清理乾淨，就可能會因再次接觸到蟲卵而復發。

　　預防此病最重要的就是不要過度頻繁出入可能的病原區，每次出門前與回家後都要使用安全無毒的皮膚體表除蟲噴劑除蟲，定期至獸醫院檢查並且使用滴劑預防性驅蟲。已發病者除了配合獸醫師的治療外，可以使用滾燙熱水消毒環境，或是噴燈火烤除蟲，因為蟲卵在70℃以上會被消滅。

 姬螯蟎（Cheyletiella mite）感染

這種寄生蟲在兔兔身上並不常見，通常會發生在老年、慢性病、癱瘓、整體狀況不佳的個體身上，懷疑與免疫系統的不足與抑制有關，很少看到懷疑爆發傳染的問題。

臨床症狀通常會是頸背側、軀幹部位、臀部與尾巴發現不少的白色皮屑，不一定會有脫毛的表現，有時會有搔癢與些微紅腫的症狀，這類大量的皮屑被稱為「行走的皮屑（walking dandruff）」。

這個寄生蟲傳染力弱，人畜共通性低，但也因為會發生此疾病的兔兔多半為年老或身體狀況較弱的個體，所以家裡有養老弱兔的還是要避免跟這類病患接觸。

治療方式與其他種類疥癬蟲一樣，但這類感染相當頑固，可能會需要6~8週以上的時間治療，將局部毛髮剃除可方便觀察，建議也可配合一些針對免疫與皮膚毛髮類的保健食品輔助治療。

臨床症狀

頸背側或是沿著脊椎區塊的皮膚出現大量皮屑，脫毛現象不嚴重，脫毛區塊沒有明顯界線，皮屑只有1～2層薄且白，有時候皮膚會稍稍變紅，可能會出現搔癢症狀。顯微鏡檢查不一定會找到蟲體，可以多採樣幾次，仔細檢查是否有蟲體；而且必須要跟兔毛蟎做區別，因為姬螯蟎有病原性，但是兔毛蟎比較沒有病原性。這種寄生蟲的感染也不容易與皮黴菌同時發生，必須確診後對症下藥。

治療方式

基本上與前述疥癬蟲相同，但是這類病原較頑固，治療時間可能會延長至6～7週甚至更久。也可以將病變區塊剃毛，方便觀察治療，並且配合一些免疫促進保健食品幫助恢復。

🐰 耳翼與耳道感染

一般俗稱「耳疥蟲」或是「耳疥癬」，有兩種寄生性的蛛形綱寄生蟲*Psoroptes cuniculi*與*Otodectes cynotis*會感染兔子的耳朵。前者為吸吮疥癬蟲，感染於耳道內，會造成較嚴重的病變與併發症；後者為耳疥癬蟲，感染多在耳翼（耳朵）邊緣，感染造成的傷害較輕微。

臨床症狀

耳道內的疥癬蟲會引起肉眼可見的大量耳垢，耳垢外觀粗糙且參雜有血樣分泌物。耳垢會累積到耳道外甚至占滿整個耳朵內側。兔子表現症狀有嚴重甩頭甩耳朵、抓耳朵頻繁、耳朵垂一邊。嚴重時會造成鼓膜破裂感染而引發中耳炎與暫時性斜頸症。

耳道外的耳疥癬蟲傷害較小，主要造成耳殼邊緣的皮屑增生，長出厚厚的痂皮，由於和皮黴菌感染類似，所以獸醫師必須經過顯微鏡檢查來確診。兔子會表現出耳朵搔癢、甩頭等症狀。

治療方式

以上幾種疥癬蟲感染治療方式都相同，使用注射式除蟲藥物或是滴劑除蟲藥物，每週一次，治療3～4週，但有時候較頑固的病例也可能需要到8週。如果患部出現紅腫、搔癢、疼痛、耳道發炎、引起細菌感染等等併發症，那就必須使用止癢藥物、消炎止痛劑、以及抗生素來合併治療。若是引發斜頸症就必須謹慎處理。

兔毛蟎（Fur-Clasping mite）

這是一種較低病原性的寄生蟲，屬於蟎的一種，常見於所有年齡的兔子。肉眼可見蟲體，看起來就像是在毛上灑了胡椒粉似的。

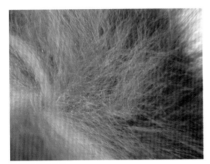

◆ 兔毛蟎

◆ 顯微鏡下的兔毛蟎

臨床症狀

雖然說病原性較低，但還是容易引起兔子本身的過敏症狀，如搔癢、打噴嚏、皮膚紅腫等等，飼主的呼吸道有時也會受到影響而過敏。這種寄生蟲通常是突然出現在兔子身上，沒有預兆也不一定有來源，一般認為跟換毛造成老化毛囊脫落的皮屑有關，環境或是兔子本身衛生不佳也容易發生。

治療方式

可以使用外用除蟲噴劑（草本無毒的配方）定期噴灑於兔子毛髮上，可殺疥癬的除蟲滴劑效果也相當好，當然還是要做好環境的衛生控管，換毛季節加強梳毛與整理，可以有效的預防感染。

接觸性皮膚炎與尿灼傷

這種皮膚的傷害常見於肥胖、不良於行、慢性病、癱瘓等兔子，主要是因為皮膚接觸水、尿液、眼淚等液體時間過長，而造成皮膚紅腫、發炎、潰爛、感染等病變。

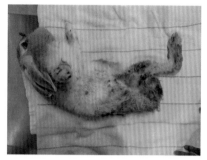

◆ 癱瘓兔尿灼傷

臨床症狀

最常見的是尿液造成的傷害，因為兔子的尿液pH值高達8～9，屬於弱鹼性，短時間接觸皮膚可能只是造成毛髮的不可逆染色（洗不掉的黃色），最常見於腳掌底下。很多飼主會想將這樣的顏色洗掉，事實上一旦染了色就洗不掉了，所以有時候反而因為洗澡太頻繁而造成皮膚傷害；如果兔子是癱瘓或是久病臥床不便行動，長時間接觸自己的尿液就會引起尿灼傷，皮膚會紅腫、潰爛、脫皮、毛髮脫落等，如果引發細菌感染甚至會化膿。

眼淚也會引起這類的病變，主要是因為鼻淚管阻塞造成大量眼淚回流，這些眼淚蓄積在眼頭的毛髮上與皮膚持續接觸，造成的傷害跟尿灼傷一樣，眼淚乾掉之後甚至會結塊黏著於臉上，會讓兔子非常不舒服。

治療方式

最重要的就是避免體液與皮膚過長時間的接觸，對於癱瘓或是行動不便的兔子，照顧上必須更加細心，護理上頻繁的更換護理墊避免尿液回滲，避免使用會回滲的毛巾；皮膚毛髮沾到尿液會建議將局部用清水洗淨吹乾，避免皮膚與尿液長時間接觸；將容易沾到尿液的局部毛髮修剪掉，

可以避免毛髮吸收尿液；如果已經發生皮膚炎紅腫，還沒出現潰爛傷口時可以在清理後使用「凡士林」來塗抹患部，這可以保護皮膚；如果患部潰爛感染，必須使用局部抗生素軟膏，並且投以抗生素治療。

　　臉部的皮膚治療也是一樣，先將糾結的硬塊軟化移除，剃掉周邊毛髮，做好傷口護理。最重要的是要評估鼻淚管阻塞的治癒性，如果可以就一併解決。只是鼻淚管疾病有許多是無法治癒的，這時就必須做好局部護理預防皮膚炎發生。

胼胝、掌底炎

　　胼胝是指皮膚受到摩擦與壓迫等物理性刺激，造成皮膚角質增生的現象。胼胝會一般發生在後腳跟，主要原因是由於兔子腳掌結構缺乏「掌墊」的保護，再加上不適當的飼養底材所引起，肥胖缺乏運動也會造成胼肢發生。掌底炎是在胼胝發生後，沒有及時處理改善，兔子腳底出現的皮膚紅腫、潰爛、化膿等症狀。

臨床症狀

　　胼胝一開始只是腳底（後腳跟）脫毛，脫毛面積漸漸擴大，脫毛處長出較厚的痂皮，皮膚稍稍紅腫。漸漸會有傷口出現，腳掌開始會痛，行動上會有輕微跛行，腳底患部腫脹。如果再繼續惡化，腳底傷口會出現不癒合現象，傷口開始化膿，腫脹部位擴

◆ 腳底胼胝

大甚至侵犯到腳踝，甚至會因感染出現「骨髓炎」的症狀。

治療方式

　　由人類飼養的兔子，除非完全住在鬆軟土壤或草地上，否則腳底因各種硬質底板的刺激而有輕微胼胝，這樣的症狀不太會引起太嚴重問題，通常不用治療。

　　但是如果脫毛面積有擴大現象，皮膚出現傷口，就必須包紮或是立即改善底材。包紮一般會使用紗布、透氣膠布配合彈性繃帶，將患部包覆住以保護患部皮膚，通常不需要用藥，每1～2天更換包紮，配合環境底材改善（巧拼底墊、瑜珈墊、兔子專用踏墊、地毯等等），一般會在2～4週得到改善。

　　若是出現掌底炎現象，除了包紮與改善環境，必須使用抗生素與消炎止痛劑配合每日清創沖洗傷口，外敷抗生素軟膏治療。如果已經出現嚴重感染，後腳跟關節腫脹，獸醫師檢查後確定感染已經侵犯到骨頭，這時候就必須以外科治療，可以選擇清創手術配合採樣細菌培養、植入抗生素豆甚至是截肢。如果感染控制不了，甚至可能會引發敗血症。

　　給予兔子適合的腳踏墊材質，避免飼養於條狀鐵絲網籠舍，每日適度運動，避免餵食過高熱量食物造成肥胖，這些都是預防的好方法。

外傷與膿包

　　兔子因為皮膚結構較薄，所以容易出現撕裂傷。常見於同類咬傷、其他動物咬傷、剃毛時不慎刮傷、環境尖銳物品割傷等等。

　　皮膚膿包最常見於外傷癒合後皮下的感染，因為上述的外傷可能會很快癒合，以致飼主無法判斷傷口痊癒與否，等到感染造成皮下膿瘍的蓄積都已經很嚴重了。

臨床症狀

可能會發現原本有傷口但很快癒合，癒合後局部漸漸腫脹發熱，外觀上如果有毛髮覆蓋可能會影響觀察，但是觸摸上會發現局部的腫脹，也可以感覺到患部的溫度比周圍還高，可能會有疼痛感或是會想去舔或是去咬。

◆ 打架可能造成外傷

治療方式

治療方式上先評估傷口大小，若是傷口小於直徑2公分，深度小於0.2公分，多半可以在家中自行處理。先加壓止血，止血了以後再用一般外用消毒水消毒，保持傷口乾燥與清潔，一天消毒2次不要過度處理。大部分這類傷口可以在3天左右結痂，一週內癒合；若是傷口大於直徑2公分且深度也較深，或是直接加壓止血10分鐘以上，血還是持續穩定流出，就必須趕緊送至獸醫院縫合處理，並且配合投藥治療。

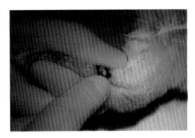

◆ 膿包處理

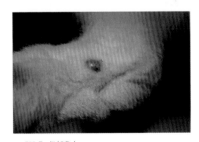

◆ 腳內側膿包

雖然說傷口較小的可以家中護理，但是由於動物的口腔有大量微生物，咬傷可能會造成嚴重感染，除了消毒外，最好每日監控傷口狀況，一有紅腫發炎現象就必須帶至獸醫院。以外科清創手術處理，並且沖洗傷口，最好能夠配合採樣細菌培養以選擇抗生素對症下藥，避免造成抗藥性菌株的產生。

皮膚腫瘤

　　兔子皮膚上的腫瘤種類相當多，有良性也有惡性，各年齡層都可能發生，但還是集中在年紀較大的高齡兔。兔子皮膚的腫瘤有最常見的膠原痣、神經纖維髓鞘瘤、黑色素細胞瘤、脂肪瘤、惡性軟骨細胞瘤、惡性骨肉瘤、鱗狀上皮細胞瘤等等；未結紮的母兔常見原發性乳腺腫瘤、轉移性惡性腺瘤等等，一般還是建議以外科切除，做組織病理切片由專科病理獸醫師判讀細胞屬性。雖然兔子沒辦法進行化學療法，但是如果了解腫瘤屬性可以幫助獸醫師控制病情，也可以預測復發的可能性。

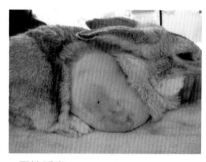

◆ 惡性腫瘤

◆ 手術切下之皮膚腫瘤

13

耳部疾病

外傷

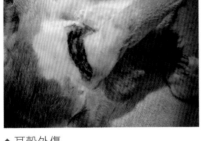

◆ 耳殼外傷   ◆ 縫合修復

  外傷是耳殼常見的問題，耳殼所占的面積大，所以也容易受傷，其中又以同類打架互咬造成的外傷最常見，因為目標明顯常常成為攻擊的標靶，造成耳殼嚴重撕裂傷，甚至整個耳殼的斷裂或穿孔。

治療方式

  要立刻進行止血以及消毒，因為兔子耳朵的血管分布相當發達，主要是為了方便散熱，但在打架互相攻擊的同時，他們也會因為情緒上的激動而造成耳朵充血，所以一旦外傷發生，往往出現血流如注的現象，所以直接加壓止血可能會需要10分鐘以上。如果傷害到耳殼的動脈，可能會流血超過5～10ml，引起嚴重的失血問題，所以當血止不住時必須趕緊送醫處理。當血止了之後，外傷的處理與消毒就很重要，因為大面積的受傷很可能會造成感染，一般會建議使用優碘直接消毒處理，利用棉棒塗抹後要停留5分鐘以上，並且帶到醫院請醫師評估是否要縫合與投藥治療。

耳血腫

耳殼上豐富的血管被外力破壞，如果這時候沒有外傷，那就可能造成耳殼的皮下區域在耳軟骨內側出現「血腫」的現象，也就是耳血腫。「血腫」俗稱「瘀血」，也就是血管破裂，皮下空間出現血液的蓄積現象。

臨床症狀

耳血腫常發生在耳道內有感染時，例如耳道炎或是耳疥蟲，當然打架也可能是原因。因甩頭用力過度與用後腳踢耳殼抓癢的動作太用力而造成耳殼皮膚內的血管創傷。耳殼內的血管一旦破裂，皮下就會開始出血，加上甩頭時所造成的離心力作用而導

◆ 耳道膿瘍與腫瘤

致血液大量積存在耳殼皮膚及軟骨之間，越甩越嚴重。

外觀看似耳朵腫起來變成了一個大水泡，裡面積留大量的血液，觸感一開始會比較緊繃，漸漸的因為血液一部分被身體吸收變的越來越柔軟，等到痊癒時又會因為修復時所形成的疤而變硬。曾經發生過耳血腫的兔子可以由外觀上看到耳殼稍捲曲變形變硬，而且會比起正常耳朵的尺寸小一些，耳道也會變得狹窄。

治療方式

如果不是很嚴重，大部分可以自己痊癒，只是時間上會比較久，當然最好還是經由外科處理。從耳殼內側切開引流血液，並且配合使用消毒過的塑膠背板縫合固定耳殼，這樣的方法可以有效避免耳殼變形萎

縮，但是痊癒後耳殼還是容易變硬。除了處理耳血腫本身，獸醫師也必須檢查引發耳血腫的原因為何，如果是耳道炎或是耳疥癬蟲感染所引起的併發症，就要一併治療避免惡化。

耳疥蟲感染

 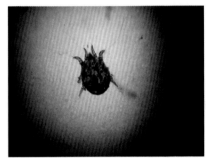

◆ 耳疥蟲　　　　　　　　　　◆ 顯微鏡下的耳疥蟲

　　外耳道最常見的問題是耳疥癬蟲感染，這是一種寄生蟲疾病，最常發生在群養的環境。蟲體藉著耳垢皮屑中的蟲卵來散播，蟲體本身活動力足夠時，也會伺機經體表毛髮爬行至耳道寄生。常見症狀有嚴重耳朵搔癢，嚴重甩頭，肉眼可見外耳有許多耳垢，用棉棒清理時可見帶血樣耳垢，症狀嚴重時，耳殼內會累積大量痂皮樣耳垢，甚至會因耳垢重量過重而讓耳殼垂下。有時會併發耳血腫甚至鼓膜創傷與中耳炎。

外耳道炎

一開始會較頻繁的甩頭，飼主靠近可以聞到耳道異味，翻開耳朵後可用肉眼看見黃白色黏稠濃液，檢耳鏡檢查會發現牙膏狀分泌物，觸摸耳道基部兔子會表現不適，嚴重的話可以在耳朵基部摸到腫脹的團塊，這是耳道內的膿累積造成耳道腫脹。

◆ 耳道疾病會造成兔子頻繁的甩頭

治療方式

兔兔的耳朵相對脆弱，除了耳殼方面疾病與耳道寄生蟲外，耳道的發炎感染也相當常見。不論立耳兔或是垂耳兔都會發生，但垂耳兔也因為耳朵構造問題所以比例高一點。

耳道是體表的延伸也屬於皮膚的一部分，但因為內部腺體發達以及狹小且容易悶濕，所以感染一些體表常在菌的可能性就高了許多。而垂耳兔的耳道軟骨構造特殊，耳道的轉折下垂處形成狹窄，耳蠟與分泌物無法正常排出，兔兔的自我清理也不容易做好，常常可見外耳道的感染積膿，一開始會發現耳垢增加，耳道內有白色牙膏狀分泌物，漸漸累積發展成耳朵基部膿腫，可以摸到耳朵基部的腫脹

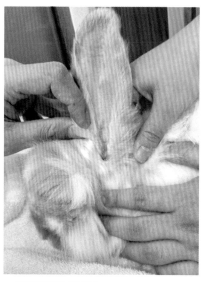

◆ 側邊耳道切開術

團塊，而且兔兔也會出現持續抓耳朵或甩頭的症狀，耳朵也會有異味。立耳兔的耳道炎比較不容易積膿，但會出現頑固性的耳道分泌物、搔癢甚至疼痛感。

治療與診斷建議至少要配合血檢、採樣菌培、X光甚至CT，確定感染部位，內科治療對症下藥投予抗生素消炎藥等等，而針對耳道積膿與慢性頑固耳道炎的病例，外科手術施行「側邊耳道切開術」會有相當的療效甚至痊癒，但要小心合併中耳炎的病患謹慎評估手術。

中耳炎

中耳是指在鼓膜的內側包含聽骨的空腔，位置介於鼓膜與內耳前庭系統之間。中耳炎可能原因有外耳道的傷害、經耳咽管上行而來的病原、經由血液循環而來的病原。在兔子比較常見的是前兩者。例如洗澡不慎將水流入耳道，這些水通常甩不出來，如果進入耳道的水滲進鼓膜就可能會引發感染而造成中耳炎；人為清理耳道也可能會造成中耳傷害，有些獸醫師或是獸醫助理會使用狗貓的清耳方式，將清耳劑倒入耳道中，並且用力搓揉耳朵基部，因為兔子的鼓膜比較脆弱，所以這種方法很容易造成兔子的鼓膜破裂而引發中耳炎；耳疥蟲的嚴重感染也會引起中耳炎，當蟲體大量增生時，蟲體會往耳道內移行破壞鼓膜結構，嚴重會造成鼓膜破裂而引發中耳炎；外耳道炎感染嚴重時也可能會因為積膿過多排不出來，而造成鼓膜受損引發中耳感染。有時中耳炎也會併發內耳炎，但是如果只是單純中耳炎，並不會引起長期性的斜頸症，通常只會有短暫性的歪頭症狀。中耳炎會造成斜頸大多是因為疼痛，或是甩頭用力過度而引起。

臨床症狀

　　中耳炎的症狀會有甩頭、暫時性歪頭、持續性抓耳朵、磨蹭耳朵和頭部、若是雙側中耳都受到感染，那麼以上症狀可能會兩側輪流出現。如果傷害到通過此區域的腦神經，就會發生流涎、眨眼反射消失、乾眼症、耳朵垂下、耳聾、或是發生Horner's Syndrome（眼皮下垂、眼眶凹陷、第三眼瞼鬆弛、瞳孔縮小等等）。

　　診斷上需依症狀表現作為依據，如果有併發外耳道感染與鼓膜破裂，可以使用檢耳鏡或是耳內視鏡檢查診斷。放射線學檢查在中耳炎的診斷依據比較差，因為X光下可能只會看到耳道積膿，當然若是中耳腔內嚴重積液也是可以藉由X光看出來。兔子中耳炎最佳的診斷工具是電腦斷層掃描，這可以有效且精準的評估中耳與內耳所發生的病灶。

治療方式

　　中耳炎的治療最好還是找出確實病因對症治療，像是耳疥蟲所引起的中耳炎必須要將耳疥蟲症治療好才有機會痊癒。一般來說，治療中耳感染可以使用口服或是注射廣效抗生素，局部的耳道滴劑投藥比較不建議。有些中耳炎治療必須依賴外科手術修復，麻醉將耳內的積膿清除，手術切開中耳腔清創，採樣細菌培養做抗生素敏感試驗等等，但是術後的疼痛與感染控制也有相當的難度。中耳的感染可能會併發劇烈疼痛影響食慾，可配合止痛劑來紓緩症狀，如果引發斜頸症可以配合抗暈藥物來治療，以減輕兔子的緊迫。

耳朵腫瘤

　　在兔兔的耳朵也偶爾會看到腫瘤發生，其中最常見的惡性腫瘤是鱗狀上皮癌，也偶有黑色素瘤。大面積的摘除包含腫瘤的組織是唯一的治療方式，術前最好能先採樣確定腫瘤的種類，才知道要切除多大範圍，有時候甚至必須犧牲掉耳翼甚至連耳道都要一併摘除。

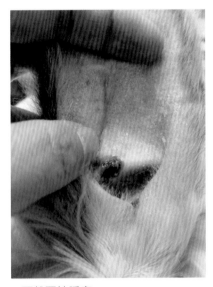

◆ 耳殼惡性腫瘤

◆ 耳翼摘除手術

14

其他常見疾病

- ◆ 肥胖症
- ◆ 營養不良症
- ◆ 缺鈣、代謝性骨病
- ◆ 失溫
- ◆ 熱衰竭

兔子是完全草食動物，單純由飲食中獲得的養分非常有限，必須依賴盲腸中的微生物發酵產生養分，而且要不斷的進食來保持腸道蠕動與養分的攝取。

飲食中最重要的當然就是不間斷供應牧草，提供充足的纖維與發酵所需的原料，其次才是少量的青菜與飼料。「兔子只要吃飼料」以及「兔子主食是胡蘿蔔」，在這些錯誤觀念飼養下，兔子往往都會攝取過多的熱量與蛋白質，而造成嚴重的肥胖症。肥胖除了會使兔子體內脂肪累積，增加體重造成心肺負擔外，也會因此降低運動的意願，間接造成全身肌肉減少，而更加重了四肢關節與脊椎關節負擔。這樣的結果會讓兔子容易發生心臟病、血栓、心肌梗塞、心肥大，也會使四肢產生關節炎病變。當脂肪在腹腔累積，會使腸胃道蠕動不良；全身皮下脂肪變厚使散熱不易，容易熱衰竭；因肥胖造成身體彈性變差，兔子會清理不到耳道中的耳垢，造成耳道炎，也會因清理不到胯下區域，造成尿灼傷以及盲腸便沾粘等問題。

治療方式

　　已經肥胖的兔子，不可突然大幅度減少飲食量來減重，必須循序漸進，並且配合適度運動，擬訂計畫才著手施行，減少飼料量，增加牧草的比例。熱量最低的草種是小麥草，其次是燕麥草，飼主可以給予此類草種幫兔子減重，但是如果完全只給這類的草，容易因蛋白質與熱量不足而造成營養不良，所以還是必須配合一定比例的葉菜以及其他種牧草來平衡飲食。

營養不良症也是兔子常見疾病，造成營養不良的主因如下：

- **過早離乳吸收不良**：幼兔的腸胃道發育並不完全，吸收較差，如果在4週齡之前就強迫幼兔斷奶，除了可能營養不足外，也會因為不適應固體食物，造成總食量不夠，體重增加不足（每天少於7～10g）而營養不良，嚴重的病例會出現惡病質（吸收不良甚至無法正常吸收養分）而長不大，甚至低血糖休克死亡。

- **人為限食**：許多飼主在購買兔子當寵物時有嚴重的尺寸情節，認為兔子要越小越可愛，體型越迷你越討喜，所以在購買時都指定要「迷你兔」或是「侏儒兔」。的確，「荷蘭侏儒兔」與「荷蘭垂耳兔」這兩個品種成年不會超過1.2kg。但是在台灣，大部分所謂的「迷你兔」或是「侏儒兔」是沒有經過認證與血統證明的，所以成年之後的體型往往不「迷你」，這與飼主購買時的期望不符合，所以有些觀念不正確的飼養者就有了所謂「吃的少就會長不大」的謬思，因此限制兔子的餵食量。成長期需要充足的營養結果卻被限食，當然會造成嚴重的生長遲緩、發育不良、低蛋白血症、低血糖、免疫低下，最後造成死亡。

- **遭忽視或照顧不當**：通常寵物兔都會在飼主的呵護下備受寵愛，最常見到寵過頭的營養過剩問題，也是有很多飼主因工作忙碌、課業繁忙、私人感情等因素，每天僅做到「餵食」與「裝飲用水」的動作，幾乎沒有觀察進食情況，所以當他們想起該照顧兔子的時候，才發現兔子已經瘦到皮包骨了，甚至連吃東西和跳躍的力量都沒有了，這才驚覺問題的嚴重性。有時兔子在飼主給食後，會習慣性的將食盆中的食物快速清空，不論是吃掉或是不小心打翻而掉落底盤，若是飼主沒有每天檢查底盤、觀察進食狀況，會因為食盆清空而誤認為兔子食慾很好，久而久之就造成進食量不足而營養不良。所以每日的進食狀況觀察與籠子底盤的清理是非常必要的。

治療方式

最重要的當然是給予任何年紀的兔子適當的飲食，供給豐富的養分，不可以間斷餵食或是限量餵食。擬定適合的飼養計畫，千萬不可以因為一時的衝動而購買寵物，必須做好功課，安排規律的時間照顧他們如果生活上有暫時的不便無法照顧，必須尋求專業的代養人或是送至專業寵物照顧機構住宿。如果真的沒辦法繼續照顧，最好還是找合適的飼主送養，絕對不可以用「忽視」的態度對待生命。

缺鈣、代謝性骨病

　　鈣質的攝取對任何年紀的兔子來說都是非常重要的，過少與過多都會造成疾病。兔子的鈣質吸收途徑與代謝方式與其他動物不同，血鈣濃度一般較高，要發生缺鈣症的機率不大，但是在人工飼養下，若是幼兔過早離乳、苜蓿草的給與不足、成兔飲食不均衡等，再加上長期飼養於室內，缺乏日照而造成維生素D3不足，就很有可能會引起嚴重缺鈣症，造成代謝性骨病而軟骨，更可能繼發齒科疾病與顎骨膿瘍。

臨床症狀

　　症狀通常不明顯，當然會因為骨質不足容易骨折，而健康檢查時可能會診斷出早期的牙齒疾病，臼齒出現傾斜牙刺等狀況，甚至於以牧草當主食的兔子也可能因缺鈣造成下顎骨突出變形。

治療方式

　　預防缺鈣必須要從幼兔時開始注意，不要讓幼兔在6週齡之前離乳，離乳後必須以苜蓿草當主食持續到7個月齡。任何年齡的兔子都需要一定程度的日照幫助維生素D3的合成，而維生素D3在腸道吸收鈣質的作用上扮演重要的角色，所以可以適度的讓兔子每週照射清晨或是黃昏的溫和日光2～3天，外出適度的活動，預防缺鈣的發生。

失溫

兔子適合的環境溫度是16～26℃。雖然兔子比較怕熱，但是低溫的環境對於兔子來說也是一種挑戰，一旦面臨低溫，身體的保護機制當然會先找尋溫暖環境躲藏，同時燃燒更多的能量來保持體溫，但是如果飼主將兔子養在籠子內或是飼養在無遮蔽的戶外空間，當寒流來襲，沒辦法躲藏又沒有額外熱源，若是飲食提供的能量也不足，身體無法代償作用下就會出現失溫症。

臨床症狀

失溫的症狀會有活動力低下、食慾不振、毛髮膨鬆、顫抖、嘴唇黏膜蒼白或發紫、口鼻分泌物增加、嚴重者會出現下痢、脫水、休克、昏迷等症狀，是致命的疾病。

治療方式

只能給予保溫與支持療法，靜脈輸液加溫的方式較直接，可以維持一定的血壓。也可以提供水流式加溫電毯、或是電暖器與吹風機來加溫，監控核心體溫，當體溫上升至38℃後就要停止加溫。當天氣冷時，不可讓兔子居住於戶外，如果真的必須如此，那一定要提供遮蔽處所以及有效熱源（如電暖器、陶瓷加溫燈），如果室溫低於16℃時，飼養於室內的兔子也要小心失溫，將毛巾、衣物等放置於兔窩內，在兔籠外覆蓋保暖遮蔽物，提供電暖器等熱源，這些都是好方法，但是要小心加溫加過頭，飼養環境溫度提升到約20～25℃時就必須恆溫，而不是一味的加溫，溫度過高除了可能會中暑外還可能灼傷兔子，最好安裝溫度計以隨時監控兔窩溫度。

熱衰竭

　　一般相信寵物兔的原生種來源是歐洲兔種，也因此大多數品種的兔子都比較適合溫帶地區的氣候，台灣位居副熱帶地區，年平均溫度比起溫帶地區高了許多，所以在台灣的寵物兔會比較怕熱。

　　在環境溫度高於28℃時，兔子的身體會因為缺乏汗腺而散熱不易，若是增加了呼吸次數與擴張周邊血管（耳朵）來輔助散熱但還是沒辦法將體內過多的高溫排除，此時身體的代謝就會開始出問題，體溫開始一直上升無法受到體溫調節中樞控制，最後體溫高達41.5後，身體的代謝機能開始停止，這就是熱衰竭。這是非常致命的疾病，就算及時提供醫療救助，病兔還是可能會死亡。天氣熱時飼養於戶外又缺乏遮蔽與降溫設施；或是飼養於室內不通風而且高溫的環境；另外有些是因為氣溫過高又外出日照過度，這些都可能引起熱衰竭的症狀。

治療方式

　　首要之急是趕緊降溫，在體表灑水、腹部以及耳翼噴灑酒精、腋下與胯下放置冰水袋等都是應急的方法，靜脈輸液也是必須的，因為多半都會伴隨嚴重脫水，雖然冷的生理食鹽水灌腸是降溫的好方法，卻可能降溫過快引起休克。不論如何，中樞體溫只要降至37.5就必須停止降溫，雖然降溫並不是很困難，但一般出現熱衰竭症的兔子都已經奄奄一息，身體許多機能也遭受嚴重破壞，即使救回一命，還是可能難逃後續併發症所造成的問題，所以還是要預防體溫過高的發生，嚴格將環境溫度控制在27以下；隨時監控兔子喝水量；給予通風良好的飼養空間；避免過度日曬或是過度運動，這樣才能避免熱衰竭的發生。

15

飼主須知

基本居家照顧

　　要保持寵物兔的健康，除了需要良好的飼養環境，以及正確的飼養觀念與飲食習慣外，還必須做好居家的日常保健照顧。

　　飼主應該隨時在家中準備寵物保健用品與基本的醫療用品，裡面要有以下用品：

- **小動物專用指甲刀**：定期修剪指甲時使用。
- **寵物專用止血粉**：修剪指甲造成流血時直接使用在流血處，不可用來做一般傷口止血。
- **寵物排梳與除毛梳**：定期梳理毛髮使用，飼養長毛品種還必須準備針梳。
- **寵物電剪**：修剪毛髮使用，兔子毛髮細，皮膚薄，要仔細挑選好用且安全的。
- **小動物乾洗粉或乾洗噴劑**：用於簡單的毛髮清理。
- **自黏式彈性繃帶**：包紮傷口時使用。
- **滅菌棉棒與紗布**：傷口處理與包紮時使用。
- **沖洗用生理食鹽水**：沖洗眼睛與體表傷口用，開封使用後要換新。
- **護理用小鑷子**：傷口處理時使用。
- **透氣紙膠布**：包紮時使用，建議不要使用不透氣的膠布。
- **清創用消毒水**：優碘或含有Chlorohexidine的消毒水，用於傷口處理。
- **灌食用針筒**：大口徑用於灌食草粉，一般口徑用於灌食藥物、水或礦物油。

- **草食動物灌食用草粉**：灌食使用，例如艾茉芮Emeraid Herbivore®。
- **化毛膏（甜味）**：用於潤滑腸道，幫助排出毛髮。
- **保溫電毯與單次使用暖暖包**：用於失溫或病弱時的保暖。
- **小動物用陶瓷保溫燈**：寒流來襲室溫低於16℃時使用，要小心避免局部灼傷。
- **冰枕或保冰袋**：體溫過高（41℃以上）時降溫使用。
- **寵物（或嬰幼兒）電子肛溫計（或耳溫計）**：量測體溫使用，要注意測量時的緊迫。
- **大浴巾**：準備一條兔子專用的浴巾，用於保暖或保定餵藥與灌食。
- **局部外用抗生素軟膏**：傷口處理使用。
- **凡士林**：尿灼傷、褥瘡時使用。
- **沖洗瓶（眼用）或滅菌空針筒**：沖洗眼睛或其他部位時使用。
- **眼用抗生素藥膏或藥水**：眼睛感染發炎時使用。
- **嬰兒用橡膠吸鼻球**：鼻腔與呼吸道有分泌物或液體時使用。
- **無毒體表除蟲噴劑**：外出前與回家後噴灑體表預防體外寄生蟲。
- **胸背式外出遛兔繩**：外出時使用，預防過度奔跑或脫逃。

　　以上這些用品準備妥當後，還是要請獸醫師或獸醫助理來教導飼主使用方法。許多國外的寵物飼養書籍甚至會建議飼主在家中準備動物常用藥物，但是畢竟大多數的兔子飼主並沒有經過專業的藥理訓練，所以建議大家先學會基本護理與緊急處理，藥物還是經由獸醫師的處方與建議才使用。

修剪指甲

　　由於台灣地區的寵物兔大多飼養於室內，不論是家中放養或是兔籠飼養，都沒辦法給予四肢指甲足夠磨損，所以定期修剪指甲是必要的，若是指甲太長，除了會影響行走，也可能會容易勾到物品而造成指甲斷裂出血受傷。指甲的修剪大約2～4週一次，最好能夠有兩個人來進行，一個負責抱著並且安撫，另一個則要逐一小心的修剪指甲，前肢各有5隻腳指甲，後肢各有4隻腳指甲，一般來說兔子指甲顏色多半為半透明，這樣可以清楚看見其中的血管，避免造成出血，但是也有深色的指甲，若要看到血管長度就必須經藉由光源照射，若是不小心剪太深造成出血，可以先用止血粉來止血，但若是整個指甲脫落出血，則需使用紗布加壓止血，配合優碘來做消毒，然後再觀察，若出血不止或是腫脹發炎，還是要趕緊送醫。

梳毛與剃毛

　　由於寵物兔的原產地為溫帶地區，比較適應涼爽的氣溫，因此對於台灣的氣溫轉變常常有適應不良的現象，明顯的表現在「換毛」週期上。每當天氣冷熱交替，兔子就會因為身體感受到溫度變化而開始換毛，所以毛髮的梳理是非常重要的日常保養。兔子在整理自己的毛髮時，常常舔入過多的毛髮，這是引發毛球症的主因之一，所以一定要避免這情形發生。若是不習慣梳毛的動作，兔子大多會生氣得跳開，甚至轉頭想要咬梳子或是飼主，這時候不要氣餒，可以每天花一點時間讓他們習慣，漸進性的增加梳毛時間，也可以將他們帶離開所熟悉的環境，

換個地方梳毛，可以有效延長梳毛時間，因為在不熟悉的環境兔子會表現得較緊張而忘了要反抗。規律的定期梳理毛髮，不但可以預防毛球症，還可以增進兔子與飼主間的互動與感情。近來也有許多兔友與獸醫院提供幫兔兔剃毛的服務。在這提醒一下，剃毛儘可能不要剃光，留一層較短的毛髮，可以有效保護皮膚，減少環境溫差所造成的腸胃傷害。

兔子住哪裡

寵物兔的籠舍選擇很多，室內飼養或戶外飼養（較不適合亞熱帶氣候的地區）都可以，但是有些基本原則要遵守：

- 飼養環境必須要有遮蔽物以模擬「穴居」的生活方式提供安全感，否則容易造成緊迫。
- 戶外飼養必須提供足夠遮蔽，不可讓兔子曝曬於陽光下，也要避免淋雨吹風，兔窩也要位於地勢高處預防水氣與積水。
- 飼養環境的溫度必須控制於16～26 ℃之間。低於15℃容易造成失溫、腸胃疾病等；高於28℃容易引發熱衰竭，嚴重會造成中暑死亡。
- 籠舍的高度以及平面空間必須足夠兔子站立、跳躍、走動。
- 避免讓兔子接觸任何他們可能會啃食的危險物品。例如：室內的電源線、清潔劑、殺蟲劑、垃圾桶、窗簾、地毯、巧拼地板等。
- 飼養於戶外要小心有潛在威脅的其他動物。如：狗、貓、野鼠、猛禽、蟲、蟻、蒼蠅等，也要小心防盜。對於極端的天氣如：颱風、寒流、熱浪、豪雨等還是建議移入室內暫時照顧，因為兔子沒有應變這類天氣的能力。
- 籠舍腳底踩踏材質要舒服安全，避免直線細金屬網、光滑地板、

容易誤食的毛布織品等，雖然許多專用兔籠的底板會使用木頭，但是因為兔子的破壞力實在太強，這類底板常常會被啃咬造成尖銳易刮傷的缺口，所以要勤於檢查並汰舊換新。

- 注意活動空間的垂直高度潛在危險性。例如：陽台圍欄是否容易跳過（1.5m以上較安全）、活動區兔子可跳躍攀登的高度是否太高（如超過1m可能有潛在風險）等等。

籠舍佈置

食盆與牧草架

籠子裡要有食盆與牧草盒或是牧草架，食盆的材質以陶瓷材質或固定為籠子內的碗為佳，不容易翻倒且不易被咬壞。牧草盒或是牧草架要注意是否方便兔子取食。

◆ 兔籠參考配置

給予飲用水

寵物用飲水器

這是最常使用的方式，有各種尺寸的選擇給兔子使用，而且可以清楚的記錄兔子每日喝水量，使用上很方便。一般來說會架設在籠子一側，但是並不是每個兔子都會用這種飲水器喝水，所以需要一些時間訓練才能使用。少數的兔子會拒絕用飲水器喝水，因為畢竟這樣的喝水方式違反自然的低頭飲水方式，所以還是要觀察看看。如果飲水器的開口是滾珠式的，有時候會卡住造成水流不出來，也要每天檢查。有些老年兔或是病弱

兔因為吞嚥不順暢，也可能會因為飲水器而嗆傷，要特別小心。現在市面上有較適合兔子使用的飲水器，設計為小水碗的形式給水，飼主們將其稱為「喝水神器」，這類飲水器就比較符合兔子的需求。

水盆或水碗

用比較重的寵物食盆來裝水會讓兔子比較容易喝到水，而且低頭喝水符合動物自然的飲水方式，也比較不會嗆到。但是水盆的水容易污染變髒變臭，所以必須常常換水，水量監控也不容易，因為會蒸發或是兔子玩水而減少。若是水盆太大，也可能會造成幼兔或病弱兔溺水，所以使用上要特別小心。

便盆

便盆不是兔籠內必要的傢俱，因為大多數的兔子會很隨意的在籠內各個角落上廁所。在熟悉環境裡的兔子會很放鬆，很容易四處排放便尿，雖然可以經過訓練來讓他們在固定地方上廁所，但有一定的難度。如果真的會在固定地方大小便，那就在那個角落放置便盆，可以方便排泄物清理與觀察，保持兔窩乾淨。另外，未結紮的兔子在發情期的時候通常不會在固定地方上廁所，這個時候也不用堅持要求他們在便盆上排泄，因為這是賀爾蒙所驅使的本能。

空氣清淨機（室內飼養）

把空氣清淨機放置在兔籠所在的房間，可以有效幫助減少空氣中的細毛與病原微生物，避免兔子與飼主呼吸道的不舒服。最好選擇含有醫療級的活性碳吸附層，效果更佳。

🐰 其他配件

除了上述器材，其他的配件如跳台、籠子隧道、磨牙咬木等等，都可以隨兔子喜好增加於籠舍中，但是要注意不可讓他們的家太過複雜，不然容易造成受傷。

營養

🐰 飲用水的提供

水分對於任何動物都是很重要的，兔子也不例外，以前常常會聽到人家說「不可以給兔子喝水」，這是不對的觀念，限制水量不會使兔子長不大，更不會因為喝了水就拉肚子死亡，如果不給兔子喝水，會引起脫水、腎臟疾病甚至死亡。所以任何年齡的兔子都必須每天提供新鮮乾淨的飲用水。兔子每日最低飲水量為體重的10%（1kg兔子每日最低喝水量為100c.c.）。

🐰 蔬果的必要性

兔子飲食之中最常被忽略的就是蔬果類。任何年齡的兔子都應該給予新鮮蔬菜，最重要的就是深綠色葉菜類，像是空心菜、A菜、油菜、萵苣、青江菜等，清水洗淨後稍稍甩乾，如果擔心生水不潔淨，可以再用飲用水稍微泡過。剛開始餵食蔬菜時可以先給2～3片葉子，觀察進食後的排便情形，如果沒有下痢或軟便，就可漸漸加量。另外像蘿蔔、蕃薯這些根莖類蔬菜少給，因為容易在腸道內異常發酵，造成腸胃道疾病，豆類也只能少量補充。至於水果，雖然嗜口性很好又富含各類水溶性維生素，對兔子有健康上的幫助，但是由於含糖份較高，所以不可餵

食過多，容易造成肥胖與消化道問題。不論是蔬菜或是水果，最重要的就是均衡豐富的提供，盡量不要常常重複單一種類，除了容易引起挑食外還可能會有營養不均衡方面的疾病。

寵物兔的健康專欄

常見兔子牧草的營養分析

無限量供應牧草是兔子最基本的飲食，所以提供的牧草品種與營養就顯得相當重要。目前市售的兔子牧草有提摩西（初割、二割、三割）、果園草、紫花苜蓿草、百慕達草、甜燕麥草、甜小麥草、黑麥草等等，其中除了紫花苜蓿草屬於豆類植物，含高量蛋白質與鈣質，除了幼年兔外不建議給其他年齡的兔兔當主食，其他的牧草種類都屬於禾本科植物，營養大多均衡，可當作兔兔主食。

其中提摩西會因為不同時期收割而有不同的營養成分，一般來說初割的蛋白質比例較高，纖維含量也是如此，依序下降，但整體營養均衡，可以挑選兔寶喜歡的種類給予就行。

以下表格為常見牧草的基本營養分析數值參考：

草種	蛋白質含量	鈣質含量	鈣磷比
紫花苜蓿草	16%	1.28%	5.3：1
提摩西牧草(平均)	8～10%	0.4%	1.3：1
果園草	9.4%	0.34%	1.5：1
甜燕麥草	8.6%	0.29%	1.3：1
甜小麥草	7.7%	0.13%	0.7：1
黑麥草	7.9%	0.31%	1.7：1
百慕達草	10%	0.42%	2：1

🐰 飲食調整訓練

　　如果兔子的飲食比例有問題，像是偏食或是會搶食人類的食物等，一定要循序漸進矯正成健康的飲食，不要有太劇烈的改變，避免兔子因為適應不良而拒食。若是一開始不愛吃乾牧草，可先用新鮮牧草（成熟的小麥草、狼尾草等）或蔬菜梗代替，等到他們接受這些較硬的食物後再轉換成乾燥牧草。過度的快速轉換兔子飲食除了容易造成行為問題，更可能會引起嚴重的疾病，飼主要謹慎評估並且請專業的獸醫師幫助擬定飲食調整計畫，從根本改善飼養方式才是上策。

🐰 各年齡層的食譜

未斷奶～2個月幼兔

● **寵物代奶**：手掌大
　的幼兔，通常都未
　滿30天（體重小於
　150g），可能要補
　充寵物代奶（建議
　使用「幼貓代奶」
　並且加入「小動物
　專用乳酸菌」）。
　因為這時候的幼兔

◆ 適量提供青菜類可以補充維生素

尚未離乳（至少4～6週離乳），所以他們吃牧草的能力有限，也可能因為適應不良而拒食乾性食物，所以餵食代奶是必要的。一天至少給予2～4次，每次約3～5c.c.，等到固體食物吃的量夠多時，可以慢慢減少奶量，進而斷奶。

- **青菜**：在一般觀念中，兔子吃青菜容易下痢，尤其是幼兔更是嚴重。但是，這並不全然正確。如果是從沒餵食過青菜的個體，突然一下吃太多，是有可能會引起腸內菌叢劇變而下痢，或者是毫無節制的給予也有可能引起軟便。但是，原生野生兔種的幼兔開始長牙而母兔不願餵奶的離乳期，會跟隨著母親覓食，這時候只能嘗試軟一點的固體食物，所以，乾草不會是首選，反而是會去啃食富含水份的野菜芽或是青草芽，所以在人工飼養下，可以用少量青菜葉（每100g體重每日約給予濕重5〜10g新鮮葉菜）來替代幼兔離乳階段飲食，並且漸進性的給予乾苜蓿草葉，慢慢的轉換飲食。

- **牧草**：這個階段以紫花苜蓿草為主，並提供多種牧草。苜蓿草可以供給成長期所需的蛋白質與鈣質，若幼兔咬不動草梗，可收集碎葉給予。混合各種牧草在飲食中，有助幼兔慢慢適應各種草種的味道。

- **飼料**：幼兔每日所需飼料重量約為體重的5%（200g的幼兔，每日飼料約為10g）。若幼兔挑食，可提供嗜口性較佳的綜合型幼兔飼料或離乳幼兔飼料，避免幼兔因為不適應人工食物而拒食。建議體重350g以下（或45天以前）的幼兔，可早中晚各提供一次飼料（將每日飼料量等分成三份）。然而，商品化的綜合幼兔飼料多半充斥著許多穀類與點心，這對腸道發育尚未完全的幼兔來說，可能會引起腸毒血症，所以，如果選用的飼料是綜合型，那飼主就必須做好控制（幼兔發育快速，必須每3〜7日監控體重而且調整飼料量）。

2～4個月幼兔

- **牧草**：以紫花苜蓿草為主，1：2混合其他草種（如提摩西、果園草、燕麥草、百慕達草等等），葉與梗皆可以無限量給予。提供其他的草種目的是為了縮短成年之後的換草適應期，因為有很多兔子換草種時會適應不良而拒食。
- **青菜**：各種葉菜交替或是綜合給予，梗與葉皆可，清洗乾淨，每日兩次，每公斤體重每次給予約30～50g，每天每公斤體重不可給予超過100g（以上重量為濕重）。
- **飲食建議**：飼料量約佔體重5%，建議以單一顆粒的飼料為主，若提供綜合型的飼料需注意幼兔飲食習慣，避免幼兔只挑其中幾種配方吃。

4～7個月的發育期兔

- **牧草**：以苜蓿草為主，其他草種可占總草量約1/2，牧草無限量供給。
- **青菜**：各種葉菜交替或是綜合給予，梗與葉皆可，清洗乾淨，每日兩次，每公斤體重每次給予約30～50g，每天每公斤體重不可給予超過100g（以上重量為濕重）。
- **飲食建議**：此階段飼料量約為體重的3%～4%（1kg幼兔的飼料量約30～40g，建議分成早晚，各給15～20g），為了養成以牧草為主的飲食習慣，不建議給予超過體重的5%的飼料量，但可依實際飼養狀況酌量增減。

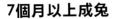

7個月以上成兔

- **牧草**：提摩西、果園草等主食草，其他草種如百慕達草、葛蘭草等也可混合餵食。紫花苜蓿草因為蛋白質與鈣質含量較高，所以建議混合比例不超過1/5總草量。燕麥草、小麥草、裸麥草、黑麥草等麥稈類，因為營養價值較差，所以不建議當主食，但是這類草種粗纖維含量高，有助腸胃蠕動，所以加入飲食中也有幫助。

- **飲食建議**：成兔飼料量約占體重的2%～3%，不建議給予超過體重的3%的飼料。提供過多飼料給成兔容易造成肥胖、牙齒疾病、腸胃問題等等

5歲以上老兔

- **牧草**：與成兔相同。

- **飲食建議**：如果要將飼料換成老兔配方飼料，一開始請與原本飼料1：1混合餵食，兔子無適應不良的情形再全部換成新飼料。蔬果可多種類給予，每天3～5種。

懷孕母兔

- **牧草**：懷孕中與生產後的母兔需要攝取較高的鈣質與營養，所以建議給予苜蓿草補充，並配合其他牧草餵食。

- **飲食建議**：飼料可以改為蛋白質、鈣質較高的幼兔飼料，多補充較容易發奶的青菜如：萵苣、Ａ菜、地瓜葉等。（空心菜可能會退奶，哺乳期建議避免）。另外可提供較細軟的牧草（百慕達草）讓母兔做窩。

🐰 兔兔飲食金字塔

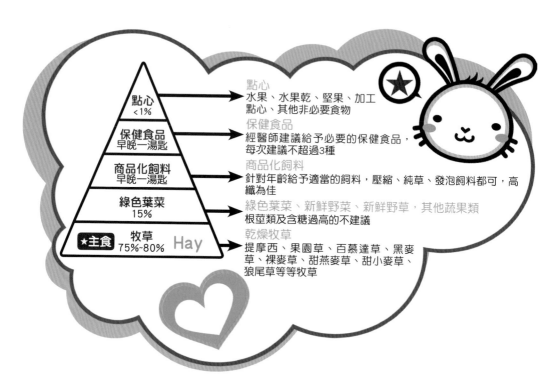

點心
<1%

點心
水果、水果乾、堅果、加工
點心、其他非必要食物

保健食品
早晚一湯匙

保健食品
經醫師建議給予必要的保健食品，
每次建議不超過3種

商品化飼料
早晚一湯匙

商品化飼料
針對年齡給予適當的飼料，壓縮、純草、發泡飼料都可，高
纖為佳

綠色葉菜
15%

綠色葉菜、新鮮野菜、新鮮野草，其他蔬果類
根莖類及含糖過高的不建議

★主食
牧草
75%-80% Hay

乾燥牧草
提摩西、果園草、百慕達草、黑麥
草、裸麥草、甜燕麥草、甜小麥草、
狼尾草等等牧草

説明

　　水果為什麼會被列入點心之中呢？主要是因為水果含高量的糖分，
如果一個不小心攝取過多，很容易造成腸胃負擔，引起蠕動問題或甚至
脹氣等狀況，所以不建議餵食過多。

　　但是相較於乾燥處理過的水果乾，新鮮水果富含水分與水溶性維生
素，水果乾在乾燥後，水分喪失的同時也流失了水溶性維生素，但香氣
與糖分會因此上升，所以對於兔兔來説更有吸引力，是很好的誘導性點
心（做行為訓練的獎勵），但也因為體積變小而且好吃，很容易會攝取
過多而造成身體負擔，更要特別注意給予的量。

堅果類含有高量油脂與碳水化合物，少量補充可以增加omega3以及omega6攝取，對心血管保護與免疫系統調節等等都有幫助，但攝取過多容易引起肥胖、消化道的不適也可能引發不正常的發炎反應等等。

保健食品本身為了適口性，除了有效成分外，大多會添加水果粉等等矯味食材，建議經由醫師評估使用，配合商品本身建議用量，不要餵食過多反而造成負擔。

兔子的行為

雖然人類馴化兔子當寵物已經許久，寵物兔外觀上也和野生品種有顯著不同，但在行為表現上，寵物兔還是保有許多野生兔種的特性。

主要表現與他們在野外是「獵物」有著很大關係。所以在飼養時給予兔子安全感，提供一個安定不受干擾的環境，可以有效避免行為上的問題。

幼兔約10～20日齡時，是馴化上最重要的時候，幼年時期跟人接觸，越早接受人抓抱等接觸動作，成年後越容易適應人類。

在野外，野生兔種享有非常大的活動空間，以及完善的社群行為，當然也有強烈的領域性。所以在人工飼養下，寵物兔會表現出明顯的領域行為，用下巴的腺體摩擦周邊環境，用糞便顆粒與噴灑尿液的氣味來標示地盤。這些行為可能會造成飼主困擾。

野生兔種的進食時間多在清晨與黃昏。他們會花許多時間在草原上吃草並且躲避掠食動物。由於活動範圍很大，甚至必須往牧草豐富的區域移動，消耗許多體力。相對於寵物兔並不需要躲避掠食動物，更不需要為了牧草而不斷移動，一整天食物充足，容易造成肥胖。

而野外的食物來源非常多樣化，相對於此，寵物兔常常會被餵食太

多單調且高熱量食物。所以，給予種類豐富的食物是相當重要的。其中最重要的當然是牧草，除了富含營養與纖維，牧草的熱量很低，而且咀嚼牧草所花費的時間可有效預防兔子過於無聊。另外，也可將食物藏在方便開啟的容器中，將這些容器分別藏在家裡的各角落，讓兔子消耗時間與體力去覓食，也可以預防問題行為。

　　每天的清晨與傍晚是兔子最活躍的時間，早上到下午多半處於休息狀態。在活躍時，除了會積極進食外，還會從事大量的運動。跑、跳、扭動臀部、觸電般奔跑、跳躍等等，這些都是正常的活動表現。但若是活動空間不足，他們可能會表現在啃咬籠舍與圍欄，或是破壞食盆便盆等等，所以每日適當的運動是非常必要的。

發情與領域性

　　噴尿（大面積成圓弧狀噴灑）以及到處排便標記地盤，都是性成熟兔子的正常表現，目的是為了標示地盤、鞏固地位，發情期會明顯嚴重。如果養成習慣，可能每天都有這種行為。大約4～5個月齡時結紮就可以杜絕這個現象，若是成熟已久，多年養成不好的習性，結紮當然還是可以有效改善噴尿行為，但是隨地排便的習慣可能會很難改變。雖然說公兔會噴尿，但實際上有些發情母兔也會，為的是標示領域地盤，此行為可經結紮改善。如果在飼養的籠舍中給予豐富的環境變化，充足的活動，均衡的飲食等等，也可以改善。

◆ 噴尿

　　另外跟發情有關的行為還有騎乘、繞圈、攻擊性、拔毛築巢等。

「騎乘行為」是不論年紀與公母的，有時在幼年時期，同伴間會在玩鬧時相互騎乘，這其實是表現地位高低的一種較勁，騎乘在上位者一般來說是比較強勢的一方。在性成熟後，不論是公兔或母兔，騎乘的行為都會頻繁的出現，若是一公一母，公的在上母的在下，就可能是正常交配。

◆ 騎乘行為

兩方都性成熟的話，受孕率相當高（約90%）。但是如果母的在上公的在下，或是兩隻都是母兔，這個行為很可能是受到賀爾蒙所影響的「慕雄狂」，這代表騎乘在上的母兔正在發情的高峰。但是如果兩隻都是公兔，那就必須小心互相攻擊而咬傷，有時甚至會咬傷生殖器。一般來說，騎乘是一種粗魯的行為，會咬住對方的背來固定對方，有時騎乘行為會針對主人，也可能咬傷主人，這個行為透過結紮來改善的成功率也相當高。

「繞圈行為」在公兔與母兔都會發生，但是目的不同。公兔一般都會繞著飼主腳邊跑，目的是為了求愛，他們也會繞著心儀的母兔，或是喜歡的布娃娃，繞圈之後就會出現騎乘的行為，甚至會噴尿在繞圈的對象上。而母兔的繞圈行為通常都在自己的窩裡，例如籠子或圍欄內，大多是為了示威警告外來者，繞圈會配合發出「咕～咕～咕」的低吼聲，甚至會跳向外來者做出用前腳打擊的動作。如果這樣的警告都沒辦法將外來者趕走，那麼接下來就會狠狠的咬一口了。許多時候，發情母兔所認定的「外來入侵者」很可能就是飼主，所以面對發情母兔，飼主要多觀察，避免惹怒他們。

「築巢行為」是嚴重發情而出現「假懷孕」的母兔偶爾出現的行為，而成功受孕的母兔為了生產會在特定時間出現這種行為。發情母兔在發情高峰過後會拔毛與收集牧草，然後會把牧草和毛咬在嘴上許久，作勢要做窩，表現出坐立難安，再將牧草與毛髮放下後又再一次拔毛與咬起牧草，一天內會重複這個行為數次，一般會持續1～2天，然後才恢復平靜。而懷孕母兔通常會在生產前約3～24小時內自我拔毛，收集牧草做窩，找到她認為舒適又安全的兔窩地點後，會將毛髮與牧草累積於兔窩內，開始準備生產。

🐰 咬東西

　　啃咬環境中的各種物品是兔的天性，這行為有助門牙磨耗，沒辦法經教育而改善。只要是能咬的東西，他們就會想盡辦法用牙齒破壞。所以，只要是不能咬的，不想被咬的東西，都必須收納至接觸不到的高處，或是用堅硬咬不動的材質包覆好。兔子喜

◆ 電線被兔子亂咬是很危險的

好咬的東西有電線、鞋子、包包、家俱、地毯、窗簾、書籍等等，有些是貴重物品，有些對兔兔消化道有害，所以還是收好別讓他們找到才是上策。雖然說給他們一些堅硬的鼠兔專用木質玩具或點心，會有助行為改善，但他們還是會選擇自己最喜歡的東西來啃咬破壞。

🐰 睡覺與休息

　　很多飼主都曾經反應過「從未看過家裡的寶貝兔闔上眼睡覺」，兔子會不會睡覺？當然會，只是不一定會被發現。兔子身為獵物的本能告訴他們隨時要保持警戒，所以只要聽到一點聲響或是有人在活動，就不會輕易睡覺，反過來會注意環境的變動。疲勞的時候，兔子可以張開著眼睛發呆放空，甚至睡覺，這時候會呈現坐姿或是蹲姿（像母雞縮成一團蹲著），就是身體在休息。另外有很多兔子因為個性以及在人類飼養下時間夠久，他們對同一個環境的警戒性自然降低，就有機會側躺休息或睡覺，這個動作可能會是突然發生的，有時會嚇到飼主，實際上只是太放鬆而睡著了。有時候他們睡熟了，甚至連被抱起來都可能繼續睡，但是大部分還是會反應很快的清醒。雖然他們在環境有干擾時可以醒著休息，但嚴重的侵擾與噪音還是可能讓他們沒辦法有足夠睡眠，長期會造成肝臟傷害，最好讓兔子在中午12：00過後到晚上6：00以前可以處於「無干擾環境」，減少緊迫症的發生。

◆ 放鬆休息的兔子

兔子肢體語言

兔子間的溝通主要是利用氣味來表現當下的情緒與身體狀況，利用腺體與費洛蒙的標記與釋放，兔子間可以了解彼此的想法，但是這種味道必須要有發達的鋤鼻器與從小的訓練。我們人類兩者都沒有，所以要了解兔子正在想什麼只能透過一些簡單的肢體語言來辨別。

放鬆

兔子的耳朵常常會一高一低，身體多為趴著的姿勢，呼吸較慢且規律，立起來的那隻耳朵會朝向環境聲音的所在，雖然不常見他們閉上眼睛睡覺，但是這個時候眼睛通常會因為放鬆而表現出迷濛狀。

亢奮

不論是高興或是不高興的，只要是情緒高漲，兔子就會把兩隻耳朵同時往前傾，瞪大眼睛盯著前方，鼻子動得很厲害，呼吸不時還會發出低沉的「咕～咕」聲音，腳步會不斷移動跳躍。

生氣

兔子會一直發出聲音，氣音或是咕咕聲，偶而會連續跺腳，會主動向前跳躍，並且用前肢快速撥動拍打目標對象，不時的露出牙齒作勢要咬對方，但是發現打不贏，兔子就會快速奔離現場。

開心

兔子會擺動頭部與耳朵或高高站起豎立耳朵，觀察環境表現自信，也會不定時的快速前後左右來回跳動，還會騰空跳起、扭動臀部與尾巴，繞圈快速移動，有些飼主形容此時的兔子像是「被電到」般的跳舞，又稱為「兔子舞」，這類行為比較常見於幼年兔，成兔在發情時或是外出到草地等開放空間時可能也會。

警戒

兔子會盡可能停止移動，眼睛瞪大，雙耳高舉並且貼在一起，呼吸快且淺，稍微一點聲響就會受驚嚇而微微抖動身體，如果確定威脅遠離，他們才願意移動，此時就可能會以跺腳來警告同伴。

害怕

兔子會一動也不動，偽裝成石頭般的自然景物，耳朵完全貼於頸背側，眼睛幾乎完全不眨，呼吸淺又短促，如果一有聲響，他們可能會拼了命頭也不回的拔腿就跑，有時甚至伴隨著尖銳的尖叫聲，這個時候的他們非常容易受傷，也可能會出現緊迫症候群的症狀。

不舒服或是疲勞

兔子會呈現蹲踞姿收起前肢拱起臀部，像是母雞孵蛋時的蹲坐姿所以又稱為「母雞蹲」，呼吸較慢且深，眼神迷濛渙散，甚至閉起。毛髮較為蓬起，耳朵稍微平貼頸背部，若是腹部疼痛會表現出背部拱起的姿勢，稱為「弓背或拱背」。

雖然說兔子是社會化的動物，仍喜歡獨來獨往當老大，尤其在自己的地盤更會對外來者有攻擊性。有些案例顯示，兔可以跟狗、貓、天竺鼠等非同類動物相處在一起，通常兩者最好能在幼年時期就開始互動認

識對方，這些互動也都要在主人的監督下進行。就算面對比自己體型更大的動物例如狗或貓，為了保護自己，兔子還是會表現相當的攻擊性，這行為也可能引起對方反擊而造成嚴重後果，必須小心謹慎。

緊急處理

兔子是非常脆弱的動物，一旦發生急性疾病或是受傷，若不馬上做緊急處理，可能就會造成不可逆的傷害，甚至死亡的悲劇。因此，飼主的緊急處理是守護他們的第一道防線。

最常見的突發狀況有下痢（拉肚子）、中暑與失溫、外傷（出血）、骨折或脫臼、癱瘓與斜頸症、中毒或誤食等等。 以下就這些常見現象簡述緊急處理方式，最重要是趕緊送醫，不可延誤黃金治療時間。

下痢的緊急處理

首先要確定精神是否良好與活動力的狀況。接著可以給予少量食物看看是否還有食慾。觀察下痢是否只是單一症狀，或是持續性的症狀。觀察是否還有任何成型便，或是為泥樣便、水便還是只是黏土樣的軟便，並簡單評估是否有嚴重脫水。

若是精神尚可，活動力不差且還有食慾，下痢便只是間斷性出現，稍有成型便，也沒有脫水，那麼可以再觀察幾小時再決定是否就醫，並且先停止供應飼料，也不可再給予任何富含澱粉、糖分、蛋白質的食物（如點心、穀類、水果等等）。

若是已經出現以下任何一個症狀，經過緊急處理後，必須要盡快送醫：活動力差、精神萎靡，完全無食慾，一直想喝水，持續下痢，出現泥樣至水樣便，甚至有黏液出現、脫水症狀。這些症狀之中的任何一

個，都可能會發展成致命結果。緊急處理首先必須要保暖，因為下痢會造成失溫。若還會吞嚥，可以灌食稀釋運動飲料（約稀釋3～5倍），這樣可以稍稍減緩電解質離子流失。避免病兔沾到自己的排泄物，並保持乾燥，切記勿用水清洗，因為潮濕會造成更嚴重失溫。

讓病兔在安靜的環境，避免過度驚嚇造成休克。當然最重要就是，用溫暖舒適的外出籠趕緊將病兔送醫處理。

🐰 中暑與失溫緊急處理

當環境溫度高於30℃，兔子出現高體溫（40℃以上）、耳翼高溫、血管浮起、怒張、口鼻與下巴大量清澈分泌物、精神沉鬱等都可能是中暑的症狀。通常會出現體溫過高、中暑、熱衰竭等問題都是因為環境所致，所以必須趕緊離開所處的高溫環境或是讓環境降溫，接著必須讓兔子體溫降下來，可以使用酒精或是水噴灑耳翼與腹部，再將濕毛巾敷著耳翼與腹部，最好能夠監控體溫（肛溫較準確），當體溫降到38℃時就停止降溫，但是要趕快送醫處理。

而失溫處理原則也和中暑一樣，只是溫度完全相反，必須先將兔子移到溫暖的地方（26℃左右），使用溫熱的吹風機或電暖器使氣溫上升，注意不可直接讓兔子接觸熱源，再用毯子或是鋁箔紙（烤肉用鋁箔紙，亮面向內）包覆住兔子四肢，熱毛巾或是熱水袋（約41～43℃）對腹部與耳翼加溫，盡可能使用體溫計監控體溫，當體溫回升至38℃後就停止加溫，快速送醫處理。

🐰 外傷出血緊急處理

常見於咬傷、剃毛、剪指甲，處理上要先判斷傷口大小以及出血流速快慢，一般傷口如果小於直徑2公分、深度小於0.2公分，飼主可以自行處理，先用紗布對傷口加壓直到不出血（至少加壓200～300秒，不可

一直打開看），止血後給予局部消毒，保持傷口乾燥，一般可以在3天內結痂。如果傷口大於上述大小，且血液在加壓300秒後還是一直流出，那就必須再加壓至少10分鐘，如果還是不行止血，就要趕緊送醫縫合處理。至於剪傷腳指甲或是腳指甲斷裂脫落，也可以直接加壓處理，除非血流在加壓10分鐘後還是沒有停止就要送醫，否則通常這類外傷在家消毒觀察即可。

🐰 骨折緊急處理

　　骨折的處理最重要的就是讓病兔安靜穩定的休息，在送醫前不要過度移動，因為如果骨折處有尖銳斷骨面，當斷肢處於不安定狀態下，斷骨很可能會割傷鄰近的血管造成嚴重出血，也可能穿出肌肉皮膚造成嚴重骨髓感染，所以最好能將骨折的兔子移到空間較小的外出籠，底下鋪厚毛巾等柔軟物，籠外再覆蓋大毛巾，以減少兔子的緊張。如果兔子能夠正常飲食，精神也尚可，而斷肢處又沒有明顯外傷或穿出，一般不會造成立即性的危險性，但還是要盡快送醫；如果有明顯骨頭穿出傷，病兔精神食慾也明顯變差，最好可以找急診的動物醫院做處理。

🐰 癱瘓與斜頸症

　　脊椎受傷造成癱瘓的緊急處理，最重要的目標就是不要讓受傷的部位有太大的位移，因為脊椎的椎體一旦骨折或是脫臼，整個脊椎就會變得很不穩定，容易會因為移動而造成「椎體錯位」，使得脊髓神經嚴重受損而造成永久性傷害，要將脊椎受傷的病兔小心的限制在寵物外出籠或是移動式置物箱，身體四周用捲起來的毛巾保護，避免過度驚動，然後盡快送醫，脊椎受傷的黃金治療方式時間約為12小時之內，一旦神經發炎水腫後，就可能會有無法痊癒的永久性傷害。斜頸症的處理其實也

類似，最重要的原則就是不要讓病兔一直旋轉身體，因為容易會造成肢體與皮膚的外傷，也可能會刮傷眼睛角膜與結膜，所以要讓他安定的待在狹小空間中。不要急著給食物和水，可以先觀察精神狀況，如果是精神很好而且很躁動的兔子，反而會因為想站起來而嚴重的不平衡跌倒或是旋轉，這時候不要去驚擾他，籠子外蓋毛巾讓他看不到外面，飼主的持續觀察與護理這時候反而會有反效果，等待兔子情況較穩定後與醫院連絡送醫治療，畢竟兔子因為斜頸症而死亡的病例相當少，不要因為緊張著送醫而在過程中造成的傷害。

🐰 誤食（疑似中毒）

兔子的天性就是到處啃食嚙咬來探索環境，除了「咬」之外也會「吞食」，所以必須將環境中可能會被他們吃到的有害物品移除。若是真的不幸誤食了，第一步就是先將可能還在口中的有害物移除，確定到底是什麼物質，最好能夠連同包裝與外盒一併收集帶給獸醫。如果懷疑是強酸或是強鹼，可以先用水灌洗口腔，如果病兔意識不清，不可灌洗到過深的口腔，以免嗆到。灌洗時最好嘴巴開口向下，用針筒或是灌洗瓶向上灌洗，飼主也要帶著抗酸鹼手套做處理。其他的可能有毒物質當然還是必須經由種類辨別才能給予解藥或是解毒劑，一般製造產品的公司都可以接受詢問，而常見的毒物只要經過確定，獸醫師也能對症下藥。

最常見的兔子誤食物品如：橡皮筋、牧草乾燥劑、除蟑藥等等，多半是沒有立即性的毒性，因為橡皮筋不會被吸收且外表滑溜，所以容易排出；牧草乾燥劑多半是矽膠類高分子物質或是氯化鈣及氧化鈣，只要食入的量不要太多，一般是不會有立即性危險；除蟑藥大多成分是「硼」，毒性不高，食入的量不多也不會有大礙。但是為了謹慎起見，最好還是將誤食的物品與兔子一併帶至獸醫院給醫師檢查判斷。

寵物兔的健康專欄

寵物兔的用品清潔大掃除

兔子的很多疾病都和環境不潔有關係，所以保持環境的整潔是最重要的一件事。以下特別針對兔子的居住環境做清潔上的建議。

- **籠子**：需要每天做簡單的清潔打掃，打掃的同時可以順便檢查底板是否有太多牧草殘留，了解兔子有沒有充足的飲食，也可以觀察兔子的糞便是否成形且健康。最好每個月能做一次大掃除，將籠子拆開，檢查是否有破損或遭啃咬的地方，避免兔子被割傷。水洗後，放在太陽下做曝曬殺菌。

- **食器與給水器**：需要每天做清洗，更換內容物，給予兔子新鮮的食物與飲用水。最好每週一次將食器放在滾水中殺菌消毒，但是塑膠類的食器不能遇熱，所以可以用杯具專用刷做清洗。

- **牧草架**：一定要每天更換牧草，避免兔子吃到不新鮮的牧草。此外，有些飼主也會在牧草架上提供青菜給兔子食用。葉菜類通常一個下午就會枯黃，若是一些糖分比較高的葉菜還可能會有小蟲子，尤其夏天更是腐壞的快，所以一定要每天更換。

- **便盆**：每天都要做兔砂的更換，以免孳生蚊蟲，而便盆上有髒汙的地方則要用清水擦拭乾淨。兔砂更換時可以採用新舊砂交換的方式，留一點舊砂在盆內再混入新砂，以免兔子沒聞到自己的味道會緊張。每週可以做一次便盆的大清洗，並放在太陽下做曝曬殺菌。

- **底板**：底板每天都要清潔，並刮去底板上的髒東西。可以每週挑一天太陽比較大的日子做水洗與曝曬殺菌。木製的底板需要曬的時間比較久，請確定底板乾燥後再放入籠子內使用，以免潮濕造成黴菌的孳生。

16

高齡兔照顧

◆ 高齡兔的生理變化

◆ 高齡兔的照顧

高齡兔的生理變化

由於正確的兔子飼育觀念推廣得當，與非犬貓寵物醫療的進步，在台灣寵物兔的平均年齡由5～7歲漸漸增加10～12歲，甚至超過15歲。

兔子超過5歲就進入中年，8歲以上則進入老年期，身體機能會開始衰退，體力也大不如前，休息的時間會變長，動作也變得較緩慢，這就是開始老化的徵兆。

當兔子開始老化，視覺、嗅覺、聽覺、味覺會退化，變得比較遲鈍，甚至喪失其中幾種感官。兔子可能會因為感官的衰退而受到突然接近的東西驚嚇，飲食也變得挑剔，所以要注意高齡兔每天的食量，當然食量也會隨年齡而減少。

- **視覺**：老化可能會造成白內障、青光眼，使得視力減退甚至失明，鼻淚管也容易因老化而阻塞，造成容易流淚的現象。
- **聽覺**：耳朵裡可能會有耳臘（耳屎）累積，垂耳兔更要注意耳道的清潔，避免耳道膿瘍的產生，高齡兔也常見耳道狹窄症狀，需定期清理檢查。
- **口腔**：老兔可能因為骨質的流失、鈣質不足、吃的東西較少或挑食，造成牙齒過長、產生牙刺、蛀牙、顎骨受損、顎骨膿瘍等等問題。
- **皮膚與毛髮**：皮膚保水度與油脂分泌較少而變得鬆弛，老年公兔的皮膚會變得非常厚，甚至長出許多小腫塊。老化會使毛色改變、變得較粗糙、無光澤、毛量減少、換毛與發毛速度變慢。

- **內臟機能**：消化道機能衰退，消化與吸收能力降低，較容易軟便、蠕動遲緩、便秘。腎臟機能衰退易引起腎衰竭，心肺功能也會變差，常常有心臟病的發生。

- **骨頭**：老兔可能因為骨質的流失、骨質疏鬆，易發生骨折，也可能會長骨刺或關節變形、發生退性化關節炎。

- **免疫系統**：免疫力較差，感染疾病很容易惡化，恢復與痊癒很緩慢。

- **體溫控制**：高齡兔的體溫調控能力不佳，特別要注意天氣與環境溫度變化，冬天需要保溫設備，夏天可能需要空調，如果能恆溫最佳。至於剃毛，高齡兔不建議將毛髮剃光，會引起體溫變化大造成的消化道不適。

- **腫瘤**：因免疫力下降，各種腫瘤發病機率提高，建議定期做檢查，及早發現治療。

- **繁殖力**：性荷爾蒙減少分泌，繁殖力較差，母兔子宮卵巢容易病變。

- **活動力**：較不活潑、不耐運動、跳躍力變差、休息與睡眠的時間增加，生活習慣也會改變。

- **體重下降**：年齡過了8歲，通常進食量減少，吸收效率下降，蛋白質同化下降，運動量也會減少，肌肉稍萎縮，體重大約每6個月～1年下降1％～3％。居家建議準備磅秤，監控體重。

高齡兔的照顧

避免環境突然改變

　　環境的急劇改變會造成高齡兔緊迫（搬家、溫度變化、日照長短、嘈雜噪音、飼養其他動物等等），所以為了提供沒有壓力的環境，如果非必要，盡量不要改變原本的生活環境，有些老兔會因為白內障視力衰退甚至失明，若突然改變擺設，可能會因為不熟悉環境而受傷。

提供安全的居住環境

　　高齡兔比較不好動，趴著或蹲坐的時間較多，飼主必須選用讓腳底板較無負擔的底材，減少腳底板壓迫，像是寵物專用止滑地墊、鋪大量牧草當底材或使用柔軟的布料當底墊（要預防啃咬與誤食）。因為高齡兔動作緩慢，要特別注意籠子底部的縫隙與網目、地毯、底材布料等是否會勾住指頭。針對行動不方便的兔子，要避免在光滑的地板上移動，也要避免高度差（爬樓梯）。吸震、止滑、吸水、不回滲的材質，對於癱瘓、不良於行的老年兔較適合。高齡兔對於緊迫較沒有應變能力，所以要盡可能保持環境溫度穩定，日夜溫差小於5℃，並且給予安靜的休息空間。

提供適當的飲食

　　高齡兔需要高纖維、低蛋白質、低脂肪的飲食避免肝腎負擔。也因為牙齒與消化道的老化，所以可以選擇專為高齡兔設計的飼料，配合大量牧草與葉菜均衡飲食。失去門牙（斷裂或脫落）的兔子，因為無法切斷較硬的牧草，完全靠臼齒咀嚼，所以可以提供較軟的牧草（三割提摩西草、果園草、黑麥草、百慕達草）或是切碎的菜葉。無法主動進食的兔子，必須給予流質的食物（代食草粉、蔬菜泥等）直接餵食甚至灌食。

高蛋白、高脂肪的飲食對老兔來説會造成腸道負擔，但適當的提供可以有助於體重的維持，盡量避免以苜蓿草為主，因為高鈣食物會造成腎臟負擔。如果每日的總食量減少，除了可以提供較多的葉菜，必要時也可以灌食，以攝取足夠的能量避免營養不良。

食物種類不要有太大的變化，如果要換飼料品牌或草種，必須要循序漸進地替換，若食慾變差，可以提供味道較重的蔬菜、水果或新鮮牧草刺激食慾。

健康管理、例行性健康檢查

身體健康的兔子，從年輕時開始最好可以每年至少做一次深入健康檢查（包含影像學、血液檢查等等）記錄兔子健康時的各項數值，做為未來的參考數值。5歲以上的兔子建議每年做2次深入檢查，用以防微杜漸，找出可能的身體疾病並且及早治療。飼主也可以每天為兔子做居家記錄，若有發現異常（體重下降、食量減少、糞便尿液改變、活動力變差等）可以提供資訊給獸醫師，有助於檢查。（參見P.209高齡兔健康檢查建議項目）

治療的最終目的是在「減輕動物的痛苦」。若家中的高齡兔生病了，飼主必須與信任的獸醫師進行深入的溝通，要選擇只移除兔子當下的痛苦，或是進行積極的治療，還是給予安寧療法等等，這些都是需要事先溝通的。

在選擇醫療方針時必須評估高齡兔的年紀、體力與個性，如果進行的治療可能會造成兔子的餘生在痛苦中度過，就必須以兔子的「生活品質」為最優先考量。飼主對於老兔所罹患的疾病必須深入了解，而且以理性的態度面對，因為最了解兔子的是飼主，並不是獸醫師，所以身為飼主，必須勇敢面對可能的問題，為自己的兔子做最適當的醫療選擇。

剛開始養兔子時，覺得能夠讓他們活到年老就已經很滿足了，但是當他們真的年老時，又會覺得這樣相處的時間實在不夠。事實上，所有的生命都會老化，兔子當然也不例外，當自己心愛的兔子進入高齡，改變了許多生活習慣，主人也會因為這些改變而付出，例如不固定上廁所而增加清掃次數、必須親手餵食、增加時間陪伴與基本照護等等，不論再辛苦都是為了給寵物最好的生活，希望他能延長壽命陪伴我們。

　　能夠健康的活到高齡是很幸福且幸運的，如果可以陪伴著兔子度過他們的一生，來到最後一刻，平靜地安撫他們，使他們不害怕與恐懼，這對於兔子與飼主來說都是一種幸福。

高齡兔健康檢查建議項目

基本生理學檢查	觸診、聽診、口腔、耳朵、眼睛、皮膚、四肢關節活動度、糞檢等
影像學檢查	● X光：頭骨、胸腔、腹腔、四肢 ● 超音波檢查：全腹腔超音波或單一系統超音波 ● 電腦斷層CT：頭骨掃瞄、胸腔掃描、腹腔掃描
血液檢查	● 血清生化學檢查：除了基本肝腎功能，建議還需檢驗鈣離子、磷離子 ● 全血球計數分析：紅白血球計數與分類 ● 血液抹片檢查：紅白血球形態學與感染評估
心血管檢查	● 血壓量測：建議做其他檢查之前就先量測，避免兔子因緊張而影響數值 ● 心臟超音波與心電圖：心臟病診斷準則，用以評估病情與用藥
其他檢查	● 尿液檢查：尿液生化檢查、尿渣分析 ● 兔腦炎微孢子蟲檢查：抗體IgG、IgM以及蛋白質電泳分析 ● 眼科檢查：眼壓檢查、水晶體檢查、視網膜眼底檢查等 ● 內視鏡檢查：依照其他檢查需求安排，如鼻腔鏡、耳道鏡等

🐰 高齡兔的居家照顧

近年來隨著養兔知識的發展與特殊寵物醫療的進步，兔兔也漸漸地進入了高齡化社會。寵物兔的平均壽命從二十幾年前的5～7年，增加到了現在的10～12年，兔兔跟飼主的感情牽絆也隨著相處時間而加深，從原本的家畜變成寵物，更從寵物轉變為家庭成員，甚至成了家中地位最高的一員。老化，這是一個幾乎所有生物都必須面對的一個正常生理過程，寵物兔近年的老年健康問題在醫學上已經都通稱為高齡疾病（geriatric disease），像是心血管疾病、退化性關節炎、骨刺、骨質疏鬆、白內障等等，這些以往只有在人類老化會聽到的疾病名詞，已經漸漸成為了身邊高齡兔兔的日常。

高齡兔的變化包括了外觀上的毛髮光澤變差、褪色，甚至出現白色毛髮、眼皮顯得沉重、眼睛變得霧霧的、整體身材看起來變小縮水等等。而行為上會發現活力明顯下降、睡眠時間延長、挑食而且食量下降、跳躍時較無力、較不喜歡爬高爬低、對環境反應變得不敏感等等。與醫療相關的生理變化則是視力退化、聽覺退化、嗅覺與味蕾退化、牙齒變差、呼吸音重、常常打鼾、關節與骨質退化、肌肉萎縮、心肺功能變差、免疫力與恢復能力下降等等。

這些與年老相關的變化，也造成高齡寵物兔或多或少都會有慢性疾病，照顧這樣的老兔與照顧年輕健康的個體差異很大，除了花費更多的時間與金錢之外，還會面臨到很多突發狀況與困難的決定。一些常見老年疾病如慢性腸胃問題、吸收與營養不良、骨關節退化性疾病、神經系統方面疾病像是癲癇與斜頸、泌尿道疾病像是慢性腎病與膀胱尿沙等、心臟病與血栓、各種腫瘤與癌症、牙齒疾病與顎骨感染、白內障與青光眼等等，這些疾病的照顧都會需要飼主緊密的配合醫師囑咐的醫療與居家護理。

　　找到屬於自己老兔適合的醫療院所與專業並值得信任的獸醫師，這是相當重要也不容易的，而且這也可能主導著兔兔的老年生活品質與壽命的長短。除了完善的硬體設備，像是各科別的深入檢查儀器例如超音波與電腦斷層、急重症加護病房設施、慢性疾病照護設備如高壓氧及雷射治療儀等等；要有熟悉自己兔兔病史的主治醫師、配合各科別分工的專業醫師、與熟悉高齡兔照顧的護理人員所組成的醫療團隊，才能夠提供老兔完整的醫療服務與客觀專業的建議。

　　高齡兔的居家照顧必須從日常的食、衣、住、行、育樂等各個層面來規劃。

　　食的部分，他們因為味蕾的退化變得很挑食，必須盡可能提供符合他們口味的飲食，高纖維牧草飲食仍是重點，所以牧草就必須盡可能給他們喜歡的草種，有鑑於較敏感的腸胃，建議低糖分飲食，要好好控管非必要的人工點心，也不建議突然更換食物種類，這樣腸胃可能會有不適。老兔可能不愛喝水，每日水分的攝取必須好好監控記錄，額外提供富含水分的葉菜也是必須的，若是

◆ 艾茉芮

飲食量不足，可以使用艾茉芮等草粉配方來當作營養補充品，用以維持營養需求、穩定體重、補足每日水分攝取量。保健食品方面，配合定期就醫檢查結果，由醫師評估需求而建議給予，像是骨關節保健、腸胃保健、泌尿系統保健以及抗老化保健等等，市場上都有很不錯的商品可供選擇。

　　衣的方面，老年兔兔的身體對於環境溫度的變化適應力會變差，既怕冷也怕熱，換毛的速度跟不上環境的變化，整體長毛也變慢，所以也不建議過度的修剪剃毛，若是剃了毛長不出來，建議也可以幫他們穿

著保暖的衣物。針對有關節以及泌尿系統疾患的老兔，胯下生殖器與肛門附近的毛髮要定期修整清理，預防尿灼傷與肛門周圍軟便對皮膚的刺激。耳朵清理也是日常項目，因為兔兔清理耳朵必須由自己的後腳來操作，有些年老有關節炎的病患身體柔軟度不佳，所以耳道內會累積過多耳垢。

住與行的部分，高齡兔因為多半有退化性骨關節的問題，所以行走與跑跳可能會有些不便，而且也因為視覺與聽力退化，所以無法對環境周遭做出很好的應變，因此建議縮小他們的活動範圍，減少過多的障礙物以及地面的高低差，並且建議在地板上鋪設抓地力較好、具有吸震功能的寵物地墊，減少胼胝與行走打滑的發生。高齡兔因為體力較差，可能會走到哪睡到哪，如果環境範圍過大，有時候會在某個角落睡著，但這與食物、飲水的放置點距離較遠，而懶得走過去吃喝，造成輕微脫水與體重緩慢下降，所以建議可以在他熟悉的各個角落放置食物與飲水，以避免這種挨餓與口渴情況發生。如前面所描述，高齡兔怕冷也怕熱，所以居住環境最好可以溫度穩定，天氣熱給予空調降溫，天氣冷也可提供電暖器或是暖氣來保暖。搬家、改變家具擺放、常常跋涉顛簸遷徙等等，都對年老的兔兔有負面的影響，建議整體環境與飼養方式都要維持穩定，若是本來就很適應外出的兔兔影響較小，但年紀大也可能平衡能力較差而容易暈車，所以旅行的部分須仔細評估並與主治醫師討論。

育樂方面，高齡兔兔需要的並不是玩樂或是新奇的遊戲，他們最需要的就是適度的運動、足量的休息、最重要的---飼主的陪伴。陪他們吃飯、陪他們散步、陪他們睡覺、聊天、抱抱、摸頭、梳毛、需要適度紫外線的他們也可以曬曬太陽等等，環境中播放柔和的音樂對他們的健康與情緒穩定也很有幫助。但最重要的還是要再強調一次，飼主的陪伴與關懷，這才是他們最需要的。

高齡兔的安寧照顧與臨終道別

　　安寧照顧與安樂對飼主來說一直都是困難、掙扎與具爭議的，疾病的治療到後期還是有現今醫療所無法改變的情況。無法治癒疾病甚至無法減輕病患的痛苦，安寧治療與居家照護可以給予飼主最後陪伴與道別的時間，止痛藥物讓無法治癒的疾病得以緩解症狀，讓飼主可以多盡一分心力減少遺憾；然而，醫療原先的目的是治癒疾病與減輕痛苦，當疾病帶給身體的痛苦已經達到無法用醫療控制的時候，唯一減輕痛苦的方式就只能停止痛苦了，對於筆者來說，安樂處置是醫療的一環，是一個別無他法的選擇、讓動物不至於處在持續的身心痛苦情況下，所能提供的一個醫療處置，也是醫療帶給他們最後的溫柔，當然前提是以無痛的麻醉方式所進行的人道處置。

　　大部分的寵物能夠陪伴我們的時間是有限的，我們的一生可能會飼養許多不同的寵寶，但他們的一生卻是只有我們這個飼主，很多兔兔都是從飼主學生時期開始，陪伴著出社會、談戀愛、結婚、成家、生子等，一轉眼的時間我們長大成年了，但他們卻已經步入老年了，我們的生活中出現了更多需要花時間與精力去解決的問題，生活中肩負的各種責任也漸漸加重，也因為這樣，陪伴他們的時間反而是越來越少，直到某一天他們生病了，發現他們陪伴我們時間不多了，才真正意識到我的寶貝兔兔老了，我們可能很快地要跟他們道別了。

　　生老病死是自然的常態道理，真正要面對的時候，幾乎沒有人可以輕鬆的談笑以對，但最重要的是陪伴他們的時光，每一分一秒都是值得的。

侏儸紀野生動物專科醫院專訪

本書作者朱哲助醫師,大家口中的小朱醫師,從事特殊寵物醫療至今已經17年,現任侏儸紀野生動物專科醫院院長、台灣特殊寵物暨野生動物醫學會理事長。

小朱醫師於2008年創立侏儸紀野生動物專科醫院,當時全台灣僅有一家全特寵動物醫院,侏儸紀是台灣第二個全特寵醫療機構。醫院歷經一次搬家與兩次增建整修擴大,從一開始的2位主治醫師1位住院醫師與1位助理,到現在已經是有著6位主治與門診醫師、4位住院醫師、9位醫療助理、5位櫃檯助理的專科醫療機構。

院內硬體設備配置有高階全新電腦斷層掃瞄、高階專業心臟超音波儀、高階彩色超音波、高頻X光機與DR電子讀片系統、人醫HEPA專業等級外科手術室、硬式與軟式內視鏡系統、德國Dräger生理監視儀、日本進口動物用專業等級ICU加護病房6床位、義大利外科專用雷射切割設備、義大利理療專用雷射治療儀、動物專用高壓氧治療艙、牙科專用手術室與牙科治療台、全套微量血液檢查分析儀、針灸電療設備等。

醫療團隊由專業醫師組成各個分科,其中有影像專科、外科、中醫暨復健科、內科、外聘專業心臟科與眼科醫師會診的委外次專科、爬蟲類門診、鳥

類門診與少見野生物種特殊門診等。
醫院的特殊專長除了特寵專門影像學
（電腦斷層與超音波）分析判讀與採
樣外，特殊疑難外科手術像是兔子胸
腔外科手術、橫膈疝氣修補術、鼻腔
與頭骨手術，內視鏡檢查與採樣，特
殊寵物急重症醫療，各特寵物種輸血
技術，中醫學老年兔與慢性病治療，

特殊寵物再生醫學等等。透過最先進高端的設施，與不斷精進的專業醫療團
隊，提供每個寵寶貝最完善的醫療照護。

　　《健康養兔子》就是在這強大的醫療設施與團隊的支援下，一點一滴累
積病例與知識而完成的，本次的全新修訂改版更是近10年來寵物兔醫學進步
的軌跡與體現，希望能為正在閱讀本書的您，提供兔子飼養與醫療上的協助，
也希望所有的兔寶都能健康久久、長壽快樂

侏儸紀野生動物專科醫院
地址：台中市西區英才路625號
電話：04-23757808
官網：http://www.jurassiceah.tw/
診療時間請參考官網公布醫師班表

國家圖書館出版品預行編目資料

健康養兔子【全新修訂版】：朱哲助院長的疾病預
防與照護大公開／朱哲助作；PATA 繪 . -- 二版 .
-- 臺中市：晨星出版有限公司 , 2024.08
224 面；16×22.5 公分 . --（寵物館；11）

ISBN 978-626-320-849-0（平裝）

1.CST：兔　2.CST：寵物飼養

437.37　　　　　　　　　　　　　　　113006159

寵物館 011

健康養兔子（全新修訂版）
朱哲助院長的疾病預防與照護大公開

作者	朱哲助
插畫	PATA
攝影	江語雁
編輯	李俊翰、余順琪
特約編輯	廖冠濱
編輯助理	林吟築
內頁設計	李京蓉
內頁排版	林姿秀
封面設計	高鍾琪

掃瞄QRcode，
填寫線上回函！

創辦人	陳銘民
發行所	晨星出版有限公司 407台中市西屯區工業30路1號1樓 TEL：04-23595820　FAX：04-23550581 行政院新聞局局版台業字第2500號
法律顧問	陳思成律師
初版	西元2012年08月31日
二版	西元2024年08月01日
讀者服務專線	TEL：（02）23672044／（04）23595819#212
讀者傳真專線	FAX：（02）23635741／（04）23595493
讀者專用信箱	service@morningstar.com.tw
網路書店	http://www.morningstar.com.tw
郵政劃撥	15060393（知己圖書股份有限公司）
印刷	上好印刷股份有限公司

定價380元
（缺頁或破損的書，請寄回更換）
ISBN 978-626-320-849-0

Published by Morning Star Publishing Inc.
Printed in Taiwan
All rights reserved.
版權所有・翻印必究

—— │最新、最快、最實用的第一手資訊都在這裡│ ——